Cultivation of Vocational Spirit on
Electric Power Industry

电力职业精神塑造

国网四川省电力公司技能培训中心
四川电力职业技术学院 组编

中国电力出版社
CHINA ELECTRIC POWER PRESS

图书在版编目（CIP）数据

电力职业精神塑造 / 国网四川省电力公司技能培训中心，四川电力职业技术学院组编.
—北京：中国电力出版社，2021.4
ISBN 978-7-5198-5228-3

Ⅰ.①电…　Ⅱ.①国…②四…　Ⅲ.①电力工业－职业道德－中国　Ⅳ.① F426.61

中国版本图书馆 CIP 数据核字（2020）第 257353 号

出版发行：中国电力出版社
地　　址：北京市东城区北京站西街 19 号（邮政编码 100005）
网　　址：http://www.cepp.sgcc.com.cn
责任编辑：周秋慧（010-63412627）
责任校对：黄　蓓　于　维
装帧设计：张俊霞
责任印制：石　雷

印　　刷：三河市百盛印装有限公司
版　　次：2021 年 4 月第一版
印　　次：2021 年 4 月北京第一次印刷
开　　本：710 毫米 ×1000 毫米　16 开本
印　　张：13.25
字　　数：185 千字
印　　数：0001—1000 册
定　　价：68.00 元

编写组

主　　编　熊维荣

副 主 编　向　倩　杜小飞

编写人员（按姓氏笔画排列）

杨骏玮　陈　曦　赵尧麟　蒲继东

潘昕昕　曹硕秋　衡　星

前言

现代职业教育呼唤职业精神。工匠精神是职业精神的最核心体现。

近年来，以习近平同志为核心的党中央高度重视技能人才队伍建设工作，要求大力弘扬劳模精神、劳动精神、工匠精神。党的十九大报告明确指出，"要建设知识性、技能型、创新型劳动者大军，弘扬劳模精神和工匠精神，营造劳动光荣的社会风尚和精益求精的敬业风气"。政府工作报告连续多次写入工匠精神。面对时代新要求，职业教育被赋予新的历史使命，大力弘扬工匠精神、努力培养"大国工匠"，支撑我国从"制造大国"迈向"制造强国"、从"中国制造"走向"中国智造"，实现经济高质量发展，职业教育培训肩负起系统培养高素质技术技能人才的历史重任。

职业精神既是一个新课题，也是一个老话题。在我国经济社会发展的初期，职业精神处于职业教育培训的边缘地带，职业素质的培养以职业技能为主，职业精神作为其价值内核，长期通过思政教育的方式存在。应该肯定的是，在我国工业化初期，依此理念建立的职业教育培训体系是符合当时发展实际与需求的，在短时间内培育出了大量的产业工人，为国家填补工业化空白和推进现代化转型提供了重要支撑。然而，改革开放弹指四十年，中国大步迈入新时代，在全球化经济和自由贸易蓬勃发展的今天，供给侧结构性改革、国际国内双循环的发展趋势对技术技能人才提出了新要求，全球产业链的推进，将人才的协同、共生、创新等复合型能力推向了竞争的前端，"职业化"替代"专业化"成为新时代人才培养目标，职业精神在人才培养的链环中开始进入核心位置。

现代职业教育培养的目标是职业精神和职业技能的高度融合，两者互为表里，相互支撑。然而，职业教育培训多年的发展惯性与思维壁垒短时间内却难以破除，以职业技能为主、职业精神为辅建立起来的职教体系还未打破，重职业技能、轻职业精神的现象依然存在。在现实与需求的矛盾中，更需要对诚信、担当、敬业、严谨等职业精神进行新时代的具象阐述，赋予其新的学理指征与精神特征，为社会群体与企业员工凝聚共识、统一思想，提供有力的伦理支撑与具体的学理依据。

电力企业作为关系国计民生和国民经济命脉的基础性产业，始终努力践行人民电业为人民的宗旨，其对职业精神的价值追求，也是对企业精神和企业文化的深层诠释。放眼当今的电力行业，体制改革的号角已经吹响，电力员工在工作场域中越来越需要适应高技术环境，应对复杂的、开放的不良结构问题。在这种情况下，只是掌握电力行业的固定学科知识和技能是不完备的，新时代的电力产业工人同时必须具备优秀的职业精神，成为自主的、反省的、有效的终身学习者，努力超越、追求卓越。

本书对电力职业精神的探索，正是从职教体系上对这一社会变迁的回应，旨在将教育目标置于当下时代特征和需求，建立职业精神培养与人力资源优化之间的关联，指明电力行业人才的职业发展途径和方向，在寻求价值统一和能力提升上下功夫，从以职业精神为核心的教培体系中探索提振行业发展的积极元素，将电力职业精神与行业的整体进步尽可能高的统一起来，以响应新时代对职业教育的伟大号召，回应"培养什么人"和"怎样培养人"的时代之问。

全书从职业精神的内涵和特征入手，依章节推进电力职业精神的具体行为指针和行动方向，通过学理推演与案例分析，明确学习目标，启迪有益思考，是一本紧密结合电力行业需求，具有较强实用性和鲜明特色的教材。全书共分九章，由熊维荣任主编，向倩、杜小飞任副主编，其中第一章职业精神由熊维荣、向倩撰稿，第二章工匠精神由向倩撰稿，第三章诚实守信由赵尧麟撰稿，第四章担当责任、第五章爱岗敬业由蒲继东撰稿，第六章严守规章由杜小飞、杨骏玮撰稿，第七章自觉执行由潘昕昕撰稿，第八章追求卓越由衡星、向倩撰稿，第九章放飞理想由曹硕秋、陈曦撰稿，全书由熊维荣统筹，杜小飞、向倩统稿。本书在编写过程中，得到了国网四川省电力公司的大力支持，为本书提供了生动丰富的案例，在此表示衷心的感谢。

尽管编写组希望能从学理与实践层面予以职业精神更丰富的注解，并在理论研究的基础上，有更新的探索、发现和创建，但限于编写组本身的学术水平与眼界空间，加之以职业精神为核心的职教体系在我国尚处于新兴发展阶段，长期以来对职业精神不重视而欠下认知账、发展账，也无法在短时间内补齐，难免会有错漏和不足之处，肯请各位读者批评指正，不吝赐教。

熊维荣

四川成都浣花溪畔

目录
CONTENTS

第一章
职业精神

📖 **本章导读：**

职业精神是与人们的职业活动紧密联系的、具有自身职业特征的精神。它既是一个人内在的认知思维系统，是对职业的理性认知及其崇尚景仰的心理状态，又是一个人外在的实践系统。社会主义职业精神是社会主义精神体系的重要组成部分，其本质是为人民服务。职业精神与职业技能互为表里，共同构成技术技能人才的核心素质，同时，职业精神又与企业文化相互促进、相互影响，共同推进社会经济发展，促进社会、行业、企业和员工的进步。

通过本章学习，能使学习者建立对职业精神的正确认知，树立正确的职业理想和态度，为进一步深入学习和理解职业精神的内涵，培养强烈的事业心和责任感，弘扬社会主义职业精神打下基础。

✍ 学习目标：

1. 了解职业及职业的特征。

2. 了解职业技能的定义、特征及影响因素。

3. 掌握职业精神的定义、特征和基本要素。

4. 正确理解职业精神与职业技能的关系。

5. 正确理解职业精神与企业文化的关系。

6. 掌握电力职业精神的定义及特征。

职业精神是经济社会运行和存在的基石。

历史和社会的发展证明，人类的职业生活是一个历史范畴，职业精神的出现高度源于职业和职业分工的出现，而职业分工又是由劳动分工产生的。当人类的生产力进步到一定程度，人们之中便产生了专门的业务、特定的职责和以此作为生活来源的社会活动，人们在这种活动中通过各种方式能动地表现自己，便形成了职业精神。社会越进步，生产力越发展，相互依赖就越强。不同的职业体现着社会不可或缺的需求，人们在职业活动中为自己生存谋求必要的利益与经济价值的同时，也在不断地创造出社会价值；人们在享受社会分工合作带来的社会价值的同时，也在不断地承担除自身利益以外的社会责任。为了统一、协调和调度人们的职业行为，使之与社会需求高度吻合，就需要一种基于职业活动的价值观来对人们的行为进行驱动与约束，这种价值观我们称其为职业精神。

职业技能与职业精神是技术技能人才职业素质中两个相辅相成的构成要素，他们有机融合在一起，犹如事物的表里两面，共同造就高素质的技术技能人才，推动经济与社会的高速发展。职业精神和职业技能虽都直接作用于职业，但职业精神主要对职业行为产生间接影响，职业技能则产生直接影响。当一个社会的市场经济发展程度不高时，需要职业技能在短时间内给社会生产力带来强大的刺激，市场规律会显示出对职业技能的强大需求。所以，在社会经济发展的初级阶段，职业教育和职业培训几乎都以职业技能培养为主。但当社会的经济发展程度提升，市场竞争产生出更大的创造空间和活力因素后，职业精神对职业活动的约束和规范作用就开始凸显，其社会公约性会节约大量的市场交易成本。这时，市场规律就会显示出对职业精神的旺盛需求，这也是近年来在职业教育和职业培训中特别强调职业精神培养的原因所在。由市场规律主导的人才培养的需求，必然由专业型向职业型转变。

在本章中，我们将一起来讨论和学习职业、职业技能、职业精神及企业文化这几个概念以及他们彼此间的关系。在本章的最后，我们将共同学习和讨论电力职业精神与电力企业文化之间的内在联系。

市场规律 ※ 市场经济的基本规律主要是价值规律、竞争规律、供求规律。其中价值规律指市场中的各种商品均以各自的价值量为基础进行等价交换，价值规律是其他规律的前提。

交易成本 ※ 指在一定的社会关系中，人们自愿交往、彼此合作达成交易所支付的成本，也即人—人关系成本。它与一般的生产成本是对应概念。

第一节　职业

一　职业的定义

职业是由于社会分工和工作内部的劳动分工，人们长期从事的专门业务和特定职责，并以此作为主要生活来源的一种社会活动。

职业一词最早见于《荀子·富国》："事业所恶也，功利所好也，职业无分，如是，则人有树事之患，而有争功之祸矣。"这里的"职"指"官事"，"业"指"士农工商四民之常业"，与现代的职业概念有很大差距。《国语·鲁语下》："昔武王克商，通道于九夷百蛮，使各以其方贿来贡，使无忘职业。"这里的职业则指"职分应用之事"，与现代的职业概念相近。

职业是人们在社会生产生活中的一种地位和关系类型，是社会关系的重要组成部分，并对于每一个人都有着重大影响。人们可持续的最主要的经济收入来自职业劳动，人们实现社会联系最主要的途径是职业活动，人们实现自我价值的舞台都是职业场合和职业平台。

二　职业的特征

（一）社会性

职业是人类在劳动过程中的分工现象，它体现的是生产力与生产资料之间的结合关系，以及不同分工劳动者之间的关系。由于产品的交换体现的是不同职业之间的劳动交换关系，劳动过程中结成的人与人的关系无疑是社会性的，因此，社会性是职业最根本的属性。

（二）技术性

职业的技术性指不同的职业具有不同的技术要求，每一种职业往往都表现出一定的基础性技术技能要求及特殊技术技能要求。技术性是职业最显著的外在特征，决定着职业的分类。

（三）价值性

职业的价值性也叫职业的功利性，是指职业作为人们赖以谋生的劳动过程中所具有的逐利面。职业活动既要满足职业者自己的需要，也要满足社会的需要，才能实现价值的交换与流通，职业的价值性决定了职业活动意义及职业本身的生命力。

（四）规范性

职业的规范性包含两层含义：一是指职业技能层面的作业、操作等规范性要求，二是指职业精神层面的作风、品质等规范性要求。前者属于外延的技能层面，后者属于精神的内涵层面。这两种规范性共同构成职业的规范性。在一个企业，其员工共性的职业精神会构成企业特有的文化，企业文化一旦形成，又会与职业精神共同影响员工的职业观、价值观和人生观。

（五）时代性

职业的时代性指由于科学技术的变化，人们生活方式、习惯等因素的变化导致职业打上时代的烙印。随着不同时代的生产力及生产关系的变化，职业的分类、要求总是与时代的生产力水平息息相关。随着现代科技的发展，职业更新迭代的速度也在不断提升，即使是传统职业，也在不断创新和发展中适应着时代新的要求和变化。

思考题 ————————————————————————————

请分别列举三种已经消失的职业和正在蓬勃发展的新兴职业。

第二节　职业技能

经合组织官网发布的一份报告《Universal Basic Skills：What Countries Stand to Gain》指出，在全球范围内，不管是富裕国家还是贫困国家，如果能够确保所有年轻人拥有基本的阅读、数学和科学技能，将会大大降低年轻人的失业率，也会为该国带来巨大的经济利益。由此可见职业技能的巨大作用。

职业技能作为一种显性的专业素质，是"职业教育培养目标中的核心素质要求"。它最大的特点是易于测量和评估，可长期作为企业判断员工能力和高校毕业生培养质量的主要依据。社会、企业和研究者们更是从含义、特征、价值、分类，以及与技术的关系、形成过程、迁移和职业技能的培养理论基础、基本原则、基本程序、模式、途径等不同角度对职业技能及其培养问题进行了研究，并形成了成熟的培养模式与机制，如现代企业人才培养模式和高等职业教育就是其中的典型代表。

一　职业技能的含义

职业技能是在一定知识和经验的基础上，经过练习而获得的按某些规则或操作程序顺利完成某项职业活动的活动方式，是智力技能和动作技能的总和，其形成不仅受到生理成熟水平、智力水平、人格特征、知识经验与理论、动机、讲解与示范、反馈、练习和反思等因素的影响，还受到职业精神和个人价值体系的影响。随着时代的发展，人们对职业技能的认知进一步发展，现代社会普遍认同职业技能是个体行为的重要组成部分，是个体融入社会的媒介，是社会经济发展的要素。

二　职业技能的特征

职业技能的第一种特征是非线性，其运用是情境性的，当先前获得的默会技能在新的环境中获得调动和扩展时，常常会成为学习过程的核心。通俗来讲，即职业技能会随着职业的发展而发展，会随着职业环境的变化而变化。相较职业精神，职业技能的变化和速度更快。

职业技能的第二种特征是内化拓展性，当人们认识到自身的隐性默会技能，有助于他们增强自信并获得学习与工作的成功。通俗来讲，隐性默会技能指一个人天生具有的较擅长的能力，如语言表达能力、动手能力、逻辑思维能力等，当这些能力与后天习得的职业技能相匹配时，能极大地提升其职业技能，使其获相应职业领域的成就。如日本秋山木工会社的创始人秋山利辉从小就十分擅长手工制作，这对他后来成为日本木匠领域的工匠起到了很大的促进作用。

职业技能的第三种特征是社会性，其专家级别是一种社会认定的标准，这种级别的取得也是社会关系范畴内比较的结果。通俗来讲，社会会根据不同的职业分工，对整体的职业技能进行综合评价，并将其按照职业需要和社会需要划分等级，职业技能的高低不是由学校或培训机构决定的，而是由社会需求决定的。

职业技能的第四种特征是实用性，它建立在相对单一的职位或职业基础上，凸显的是对明确定界的工作的胜任，且最注重其实用性。通俗来讲，职业技能习得的结果是必须能胜任某一项具体的任务，这项任务有明确的边界。如能够完成某种产品的设计，能够绘制某种行业需要的工程图，能够翻译某种语言等。

职业技能可以带来产品质量提升、技术革新、赢利、公共服务质量提高、服务选择机会增多等诸多好处。在经济发展初期，这种增效尤其明显，故在职业能力培养时，职业技能的培养往往放在最重要的位置。可以这样说，职业技能是职业素养的显性因素，与职业精神互为表里。

三　职业技能的分类

美国经济学家贝克尔（Gary Becker）将职业技能分为通用技能和特殊技

能两类，前者是指对劳动力市场同一行业中的雇主都有用的技能，后者是指仅对当前雇主有用的技能，即与该雇主的生产、设备和环境相关的工作能力。美国职业信息网的研究人员认为，职业技能可分为基本技能和跨职业技能两个大类，基本技能、社交技能、复杂问题解决技能、技术技能、系统技能、资源管理技能 6 个中类，以及数学与科学技能等 17 个小类和数学技能等 35 个细类。而专家技能是个体技能发展的高级层次，是专家所具有的职业技能，与之对应的是低层次职业技能，即新手职业技能。

在我国，职业技能可以分为一般职业技能和特殊职业技能两类。一般职业技能指从事不同职业都需要使用的技能，通常将其称为通用技能。特殊职业技能是指从事某一职业所需要使用的特定技能，通常将其称为专业技能。

（四）职业技能的影响因素

对职业技能形成最具影响的因素主要有以下几个方面：

（1）误操作的成因分析及消除技术。

（2）合理科学的综合职业能力训练。

（3）团队参与实践经验。

（4）职业技能训练的工作场所与实验环境。

（5）职业技能训练中真实环境与朋辈互动的比例。

（6）职业技能训练过程中的建设性反馈与确定性反馈。

（7）师徒的有效传承及师徒制的发展。

（8）国家的经济行为及宏观经济社会治理机制体制等。

目前在我国职业教育中积极推广的现代学徒制、1+X 证书制度等正是基于这些影响因素而发展形成的。值得注意的是，职业精神在其中占据了越来越重要的位置，与职业技能融合发展，共同培养高素质的技术技能人才。

第三节 认识职业精神

一 职业精神的定义

职业精神是与人们的职业活动紧密联系的，在职业理性认识基础上的职业价值取向及其行为表现。具体表现为职业活动中的敬业、严谨、细致、负责、高效的行为及风貌，它既是一个人内在的认知思维系统，是对职业的理性认知及其崇尚景仰的心理状态，又是一个人外在的实践系统，对个体的职业行为、职业形象、职业成效及群体的职业荣誉、职业地位和职业评价都有一定影响。职业精神包括职业理想、职业态度、职业责任、职业纪律、职业良心、职业信誉、职业作风等要素。这些要素分别从特定的方面反映职业精神的特定本质和基础，又相互配合，形成了严谨的职业精神模式。

二 职业精神的内涵

职业精神的内涵实践具体表现在以下四个方面：

（一）敬业

敬业是职业精神的首要内涵，即从业者对适应社会发展的各职业，特别是自己所从事职业的尊敬与热爱。敬业本质上是一种文化精神，是职业道德的集中体现。敬业是从业者希望通过自身的职业实践，去实现的价值追求与职业伦理。敬业与人的全面发展有着直接联系，共同构成职业精神的完整价值体系和从业者实践活动的内在尺度，确定职业活动的价值目标。

（二）勤业

业精于勤，职业精神必须落实到勤业上。勤业要求从业者不仅要强化职业责任，端正职业态度，更要努力提高职业技能。要在改革开放和新时代中国特色社会主义事业中去拼搏奋斗，在行业试炼和经济活动实践中努力提高，在解决复杂矛盾和突出问题的过程发展成熟，在应对各种风险挑战的过程中提高本领，无惧前行。

（三）创业

"创新是一个民族的灵魂，是一个国家兴旺发达的不竭动力。"我们正在进行的中国特色社会主义事业是一项全新的事业，需要继续发扬创新创业精神。职业发展的动力在于创新，面对国际、社会、民生、行业的各项发展要求，职业活动必须开阔眼界，紧跟世界潮流，抓住战略性、基础性、关键性问题，自主创新，自主创造，不断攻坚克难，笃定前行。

（四）立业

在"两个一百年"奋斗目标之下，决战决胜全面建成小康社会，把我国建成社会主义现代化强国，是我们所要立的根本大业，各行各业的职业精神都必须服从于这个根本大业。我们现在正处于并将长期处于社会主义初级阶段，在建成中国特色社会主义强国的道路上，我们必须坚持以习近平新时代中国特色社会主义思想为根本，久久为功，接继奋斗，为把我国建成富强民主文明和谐美丽的社会主义现代化强国而贡献力量。

二　职业精神的特征

我国学者王伟教授在《论职业精神》（《光明日报》2004 年 6 月 30 日）一文中将职业精神的特征进行如下归纳：

（一）内容特征

职业精神总是鲜明地表达职业根本利益，以及职业责任、职业行为上的精神要求。即职业精神不是一般地反映社会精神的要求，而是着重反映一定职业的特殊利益和要求，不是在普遍的社会实践中产生的，而是在特定的职业实践基础上形成的。它鲜明地表现为某一职业特有的精神传统和从业者特定的心理和素质。因此，职业精神十分注重传承与发展，往往代代相传。

（二）表达特征

职业精神比较具体、灵活、多样。不同职业对于从业者的精神要求总是从本职业的活动及其交往的内容和方式出发，适应于本职业活动的客观环境和具体条件。因此，职业精神不仅有原则性的要求，往往还有具体性、可操作性的要求。

（三）调节范围特征

职业精神主要调整两个方面的关系：一是同职业内部的关系，二是同一职业内部的人同其所接触的对象之间的关系。从历史上看，各职业集团为了维护自己的利益、职业信誉和职业尊严，不但要设法制定和巩固体现职业精神的规范，以调整本职业集团内部的相互关系，还要注意满足社会各个方面对于该职业的要求，调整该职业同社会各方面的关系。

（四）功效特征

职业精神一方面使社会的精神原则职业化，另一方面又使人的精神成熟化。职业精神和社会精神之间，是特殊与一般、个性与同性的关系。职业精神寓于社会精神之中，职业精神体现着社会精神。职业精神与职业生活相结合，具有较强的稳定性和连续性，形成具有导向性的职业心理和职业习惯，以致在很大程度上改善着从业者在社会和家庭生活中所形成的品行，影响着从业者的社会精神风貌。

四　社会主义职业精神的特征

社会主义职业精神是社会主义精神体系的重要组成部分，其本质是为人民服务。社会主义职业精神不同于其他社会制度的职业精神，有其独特的社会性、思想性和发展轨迹。

（一）社会性特征

职业精神是社会主义核心价值观和社会主义精神体系的重要组成部分。社会主义核心价值观中，敬业是对公民职业行为准则的价值评价，要求公民忠于职守，克己奉公，服务人民，服务社会，是社会主义职业精神的核心价值。同时，人的生活分为三大领域——家庭生活、职业生活和公共生活，社会主义职业精神就是职业领域内社会主义精神的专门化要求。

（二）思想性特征

社会主义职业精神的本质是为人民服务，从根本上要求各职业利益同社会利益和广大人民群众的根本利益一致，各职业都要成为社会主义事业的有机组成部分。各行各业在社会主义职业精神的统一引领下，可以形成共同的精神追求和企业文化，并调整人与人之间、职业分工之间、行业之间的关系，积极发挥思想的价值引领作用。

（三）发展轨迹特征

社会主义职业精神的形成和发展具有内外兼修的发展特征，既注重内在的、自发的修身养性的内化作用，也重视后天的教化与培养。马克思指出，教育与生产劳动相结合是造就全面发展的人的唯一途径，社会主义职业精神必须与职业技能同步发展，融合培养。目前在我国的人才培养途径中，职业技能与职业精神的融合培养分为职业精神融入职业技能培养、职业技能培养融入职业精神培养，职业精神与职业技能统筹培养三条渐进培养途径，以实现人的全面解放和充分发展。

▎**延伸阅读**▎

阅读材料一：青年马克思论职业选择

青年时代的马克思在《青年在选择职业时的考虑》中这样写道："在选择职业时，我们应该遵循的主要指针是人类的幸福和我们自身的完美。不应该认为，这两种利益是敌对的，互相冲突的，一种利益必须消灭另一种的。人类的天性本来就是这样，人们只有为同时代人的完美，为他们的幸福而工作，才能使自己也达到完善。""如果我们选择了最能为人类服务的职业，我们就不会被任何沉重负担所压倒，因为这是为全人类作出牺牲；那里我们得到的将不是可怜、有限和自私自利的快乐，我们的幸福将属于亿万人，我们的事业虽并不显赫一世，但将永远发挥作用，当我们离开人世之后，高尚的人将在我们的骨灰上洒下泪。"

思考题

为什么"为人民服务"是社会主义职业精神的本质特征？

五 **职业精神的基本要素**

职业精神由多种要素构成并相互契合，形成了完整的职业精神体系。总体来说，职业精神包括职业理想、职业态度、职业责任、职业纪律、职业道德、职业信誉、职业作风等基本要素。

（一）职业理想

职业理想是人们在职业上依据社会要求和个人条件，借想象和规划而确立的奋斗目标，即个人渴望达到的职业境界。它是人们实现个人生活理想、道德理想和社会理想的手段，并受社会理想的制约。职业理想是人们对职业活动和职业成就的超前反映，与人的价值观、世界观、人生观及职业期待、职业目标密切相关。职业理想依赖职业规划完全成，能勾勒个人职业生涯发展的蓝图，包括完善自我、服务社会等品质。社会主义职业精神所提倡的职业理想本质是为人民服务。

（二）职业态度

树立正确的职业态度是从业者完成好职业任务，做好本职工作的根本前提。职业态度具有经济学和伦理学的双重意义，它不仅提示从业者在职业生活中的客观状态，参与社会生产的方式，更重要的是提示了从业者的主观态度。员工工作积极性高低和完成工作质量的好坏，很大程度上取决于职业态度，培养和改善良好的职业态度对培养良好的职业精神具有重要的意义。

（三）职业责任

职业责任是从业者对自己的工作和职业负责，对他人、对企业承担责任和履行义务的自觉态度，是现代职业精神的重要组成部分。现代企业制度不仅划分了国家与企业之间的责、权、利关系，也划分了企业与员工之间的责、权、利关系，并将三者有机结合起来。培养职业责任的关键在于把客观存在的职业责任转变为从业者履行义务的道德自觉。

（四）职业纪律

职业纪律是从业者在利益、信念、目标基本一致的基础上所形成的高度自觉的新型纪律，使从业者能主动把职业纪律由外在的强制力转化为内在约束力。职业纪律可以保障从业者的自由与权利，保障从业者最大限度地发挥主动性、能动性和创造性。职业纪律虽然有外在的强制性一面，但更多依靠的是内在的、自觉遵守的一面，是从业者的自觉意识在服从职业要求，因此，职业纪律具有法规性与道德性的统一。

（五）职业道德

职业道德是从业者对职业责任的具体意识，贯穿于职业行为的各个阶段，在职业生涯和职业生活中起着巨大的作用，是个人职业精神的支柱。职业道德使从业者依据履行工作职责的要求，对自己的行为动机进行自我检查，对行为活动进行自我监督，并在职业行为之后，对职业行为的结果进行评价与自我反馈，对自我判断为良性的行为，会自我肯定和鼓励，对判断为不良的行为，会自我谴责和反省。

（六）职业信誉

职业信誉是职业责任和职业道德的价值尺度，包括对职业行为的社会价值所作出的客观评价和正确的认识。从人的主观意识看，职业信誉是职业道德中的荣誉感、自尊心、自爱心的表现，使一个人能自觉地按照这些尺度去履行义务。从客观上看，职业信誉是社会对职业集团和从业者的肯定评价，是职业行为的价值体现或价值尺度。职业信誉要求从业者提高职业技能、遵守职业纪律，把社会的客观评价转化为从业者的自我评价，自觉发扬职业精神，履行社会责任。

（七）职业作风

职业作风是从业者在其职业实践中所表现出来的一贯态度，是职业精神在从业者职业生活中的习惯性表现。职业作风在职场特别是职业团队中具有潜移默化的教化效果，能把一位职场新人快速锻炼为坚强而熟练的行业骨干，使团队中的资深成员能始终保持优良的从业品质和从业作风。职业团体有了优良的职业作风，才能相互学习借鉴，形成职业精神的良性循环，进而形成良好的职业风尚。

六 职业精神对职业技能的影响

（一）职业精神有助于职业技能的形成

职业精神会使个人对所从事的职业产生热爱等积极情感，这样的情感会引导个人努力学习职业技能的相关知识，理解职业技能的学习任务及其要求，经过任务分解、局部掌握、整体协调、反思完善等阶段，逐步掌握职业技能。不管职业技能的习得过程再枯燥，不管本身从事的职业再单调，都能练就过硬本领，干出不平凡的成就。

海尔集团总裁张瑞敏说过："把每一件简单的事情做好就是不简单，把每一件平凡的事做好就是不平凡。"海尔集团办公大楼的每一块玻璃都清晰明亮，是因为员工每一天都将每块玻璃逐一擦拭。擦玻璃很简单，如果只是做一天，对谁来说都十分容易，但如果 365 天每天都这样重复，并保持清晰明亮就是件很不容易的事。做好工作中的每一件小事，考验的不仅仅是职业技能，更是职业精神。

（二）职业精神有助于职业技能的改进

职业精神会使学习者认真对待所面对的任务，努力运用所掌握的职业技能去解决问题。一旦出现问题，会积极思考对策，争取妥善解决，而不是忙着找借口，推脱责任，放任问题在原地不去解决。

日本的秋山木工会社在制作家具时发现，因为空气阻力的缘故，抽屉的实物尺寸与设计尺寸太吻合会导致推拉不顺畅，虽然抽屉里什么都没有，但推拉起来却像里面装了很重的东西。带着"让客人使用起来更顺手"的想法，秋山木工会社的员工认真研究，踏实细致地改进家具的细节设计，制作抽屉时设计放气结构，并在安装抽屉时，使侧板高出底板 1 毫米。这一点点改进，就消除了空气的阻力，使抽屉的推拉变得顺畅。正是这种认真负责、善于钻研的精神，使秋山木工会社的家具获得了良好的市场口碑。

（三）职业精神有助于职业技能的创新

当所要面临的任务不是很复杂时，个人只要具备一定水平的职业技能就能顺利应对。当所面临的任务复杂性大大增加，现行的技术和方法不能解决时，就需要创新和改革。但创新需要投入大量的精力和时间，只有在敬业、负责、担当等职业精神的内在力作用下，个人才会自觉地努力通过提高职业技能水平，以达到技术技能创新的目标。同时，创新还需要敏锐的眼光与准确的决断能力，这都需要从业者对职业技能长时间的钻研和对市场环境耐心细致的观察，这些都需要职业精神的支撑。

20 世纪 50 年代，日本仓敷纺织公司董事长大原总一郎，人称合成纤维大王，准备把尼龙产品推向社会，他认为这可以解决人们生活中各种各样的需求，尼龙无论是做衣服、做鞋子还是做袜子，都非常经久耐磨。但在做决策时，董事会很多人反对，好在他力排众议一再坚持，最终组织起了生产线，并取得了巨大的成功。他回忆这一决策时这样说："将你开始一项新事业时，十个人当中有一两个人赞成，这是一个最佳的选择，如果十个人当中有五个人赞成，可以去试一下，但你已经慢了一步，如果十个人当中有七个人赞成，那你就不要去做了，因为已经太晚了。"由此可见，创新精神对职业技能和职业生涯起到了十分重要的助推作用，甚至可以决定一个企业的生存、发展及壮大。

（四）职业精神有助于职业技能的可持续发展

企业的生产、建设、管理、服务等一线岗位都需要高素质的技能人才和与岗位相匹配的职业技能，想要获得可持续发展，职业精神与职业技能必须高度融合，使技术技能人才产生较强的职业技能迁移能力，在转岗、创新、迭代的过程中表现出高度的适应性，快速适应经济社会的发展变化，提升企业技能内核的抗风险能力。不管是一名普通员工，还是一名管理者，既然进入了企业，就要具备高度的职业责任感，把自己的工作和企业的成长壮大结合起来，与企业同呼吸、共命运，这样，在企业取得进步时，个人才会获得巨大的成就感，而不单单只是从企业获得经济收入。优秀的企业都是由优秀的员工组成，优秀的员工不仅能在企业获得职业技能的持续提升，更能获得个人职业生涯的发展与成就。

七　职业精神和企业文化的关系

企业文化蕴含着职业精神，职业精神是企业文化中的精华。企业文化与职业精神具有旨归相同、相辅相成、相互渗透、相互融合、化育合一的关系。

（一）职业精神是企业文化的基础

职业精神可以从道德伦理的角度调整和规范企业与社会、企业与行业、企业与企业、企业与职工、职工与职工之间关系的行为。它间接或直接地渗透于企业活动和员工职业行为的方方面面，通过社会、行业、企业、员工四个维度对员工的行为进行评价、教育、指导、示范、沟通，以内化的方式维护企业的生产经营秩序，修正或改变企业或员工的不良行为。

职业精神间接影响员工的价值观，进而规范员工的道德观和责任感，直接的体现就是员工的业务行为模式和问题处理方式，而每一个员工的价值观在企业统一价值观下整合，表现出来便形成了企业文化。因此，企业文化虽各具特色，但归根结底还是以敬业、责任、担当、诚信等职业精神为基底和重要组成部分的，企业文化中职业精神的部分，是企业"以人为本""发挥人的最大能动性"经营管理方式的基础和重要组成部分。

（二）企业文化与职业精神是本质相同的

企业文化是以企业整体运作为出发点，但其经营、管理活动的基点都是"人"，企业因人的需求而生，企业因找准了人的需求点而发展，所以立足企业运作的企业文化的本质是"人"，企业文化与职业精神的本质都是"以人为本"。但从主体上来说，企业文化的主体是企业，职业精神的主体是员工，所以企业文化与职业精神的关系就是企业与个人的关系，即企业营造什么样的文化去孕育和激发个人的活力，用什么样的规则体系去规范人的职业操守。

（三）企业文化建设与职业精神建设是相互促进的

职业精神相较企业精神，较为通用且具体地规范了员工与员工之间、员工与企业之间、员工与行业之间、员工与社会之间的行为关系，是员工在履行本职工作时必须遵循的基本要求，这些要求本身与企业文化是高度重合的，是企业文化形成的基石。同时，每个企业员工所体现出来的职业精神，又必然表现出该企业独特的个性特质，这些个性特质便是企业文化的特征。因此，职业精神既能有效衡量一个企业文化的建设深度，又能体现该企业文化建设的成效。

同时，企业文化的辐射功能又会深度影响员工的职业精神。在一个以创新、拼搏为本色的企业中，懒惰、不思进取的员工将难以在团队中获得认同，在一个以精益求精、一丝不苟为特性的企业中，浑水摸鱼、得过且过的行为将难以生存。所以，企业的经营哲学、管理思想、价值准则、审美意识等文化力都会辐射影响职业精神，并同时促进社会精神文明的进步。

┃ **延伸阅读** ┃

阅读材料二："多管闲事""厚脸皮"和"执拗"

乍一看，"多管闲事""厚脸皮"和"执拗"都是贬义词，但日本秋山木工会社的创始人，日本"匠人精神"的代表秋山利辉先生却认为它们是工匠所必须具备的，下面，就来听一听秋山先生对这三个词的理解。

首先说"厚脸皮"。"厚脸皮"不管在中文还是日文中都有"不知羞耻"的意思，多用于否定的场合。但秋山先生认为，在职业精神的培养过程中，"不知羞耻"和"厚脸皮"是非常重要的品质。这里的"厚脸皮"指的是对技艺不知疲惫、永不停息的探索精神，对事物和技术本质坚持到底的探索精神，以及凡事都要问个"为什么"的探究与反思精神。

其次是"多管闲事"。现代社会讲求效率，很多人都本着多一事不如少一事的原则，各自打扫门前雪。然而在过去，人们却把"多管闲事"看作理所当然的行为。例如有小孩在大街上吵闹，扰得四邻不安的时候，附近的爷爷奶奶们会出来喝止并教导他们，放在现代社会，反而很少有人出言制止了。这种现象，秋山先生认为是缺乏爱心的表现。"多管闲事"是对他人的一种积极干涉行为。因为是替对方着想，所以愿意指出对方的错处并进行教导，放在经营行为中，就是站在客户的立场上思考，提出怎样做才是最好的建议的人，就是一流的工匠，具有这种思想意识的人，即使遇到客户抱怨也能迅速应对。

最后是"执拗"。秋山先生认为，无论是"多管闲事"还是"厚脸皮"，如果不能坚持到最后，都是没有意义的。忽冷忽热的"多管闲事"、半途而废的"厚脸皮"，只能徒增麻烦，所以最重要的是坚持到底的"执拗"精神，坚持把对的"闲事"管到底，把脸皮"厚"到底，才能最终得到客户的认同和技艺的提升。

思考题

1.如何看待"多管闲事""厚脸皮"和"执拗"这三种精神在职场中的作用？

2.结合材料中的案例，阐述你心中的职业精神并举例说明。

第四节　电力职业精神

一般来说，不同职业精神对于从业者的精神要求从本职业的活动内容和方式出发，适应本职业活动的客观环境和具体条件。不同职业的职业精神有诸多共同之处，但由于职业的区别及劳动特点的不同，共性中也包含着许多鲜明的个性。共性方面，爱岗敬业、无私奉献、责任担当等都属于职业精神的共性范畴，个性方面，作为光明使者的电力员工，依据其劳动特点和职责要求，其职业精神也具有鲜明的行业特点。

一　电力职业精神的定义

电力是国民经济的支柱产业，不仅关系国家能源安全、国民经济发展及社会的和谐稳定，也与人们的日常生活息息相关。电力企业是一个资金密集型、技术密集型和人才密集型且具有基础性、公共性、服务性的企业。对比各行业的职业精神，我们可以这样定义电力职业精神：它是电力员工在从事电力生产、经营、管理和服务的过程中所形成的，并得到电力企业群体认可的特有价值观和精神面貌的总和。具体来说，电力职业精神包括忠诚企业、担当责任、爱岗敬业、严守规章、自觉执行、团结协作、真诚服务、追求卓越等内容。

二　电力职业精神的特征

电力员工从事的岗位职业特征可以简要概括为基础性、公用性、服务性三方面，这些特征也昭示着电力员工应当具备责任意识、奉献意识、真诚意识、安全意识等品质。

（一）基础地位凸显央企责任

电力企业及其员工肩负着为建设富强民主文明和谐美丽的社会主义现代化强国提供安全、经济、可靠的电力保障的基本职责，就电网企业——国家电网公司而言，其社会责任主要包括深入学习贯彻习近平新时代中国特色社会主义思想、全面落实党中央的决策部署、保障可靠可信赖的能源供应、负责任地开展公司治理、负责地对接每一个利益相关方、努力做绿色发展的表率、服务和推进"一带一路"建设、透明运营和接受社会监督八个方面。

（二）公用性质展现企业特质

电力企业是有着广泛社会影响力的公用性、基础性事业企业，具有强烈的公用性特征。无论是经济活动组织对电力能源的需求，还是其他社会组织和广大人民群众对电力能源的需求，都决定了电力企业与社会公众生产和生活的紧密联系，其服务能力、服务质量、服务效能都将对社会的生产生活产生重大影响。因此，电力企业不同于一般的企业，具有明显的公用性质与特点，其企业与职业精神也显示出更强烈的责任意识与担当意识。

（三）为人民服务兑现企业承诺

"人民电业为人民"是电力职业精神最本质的特征。电力事业是党和人民的事业，要坚持人民为中心的发展思想，把为人民服务作为一切工作的出发点和落脚点。这项特征，不仅是以人民为中心的发展思想在电力企业的集中体现，是老一辈革命家对电力事业最崇高、最纯粹、最重要的指示，更是电力企业践行初心和使命的重要体现。它高度概括了新时代电力人和电力企业大力提升服务响应速度和便捷程度，提高服务品质，用一流服务做好电力先行官，架起党联系群众的连心桥的崇高愿景和价值目标。

要兑现为人民服务的企业承诺，电力企业和电力员工就要始终把人民放在最高位置，把党的惠民利民政策送到百姓身边去，让电力发展成果惠及全体人民，不断增强人民群众的满足感、获得感、幸福感。必须满足人民美好生活对电力的需求，为客户提供安全可靠、经济高效的电力供应，把人民群众是否满意作为检验工作的最高标准。必须坚持以人为本，全心全意依靠每一位电力员工办企业，尊重员工的首创精神，关心关爱员工，持续增强广大电力员工的责任感、归属感和自豪感。

二　电力职业精神与电力企业文化的关系

电力职业精神是孕育在电力企业文化之中的，没有电力企业文化就没有电力职业精神。电力企业文化在一定程度上为电力职业精神提供了肥沃的土壤，使之形成并发展。二者之间是一个整体与局部的关系。一方面，电力职业精神是电力企业文化中的重要组成部分，它向人们展示出了电力企业员工的思想境界和整体精神风貌。另一方面，电力企业文化的内涵更加丰富，它是电力企业生长与发展过程中形成、积累和凝练起来的共同价值观，以及围绕共同价值观形成的思维方式、行为方式与行为结果的系统化总和。

电力企业历经沧桑，饱受曲折，在艰苦奋斗的过程中形成了带有明显行业特征的企业文化。电力企业的爱国主义精神、创业精神、奉献精神、服务精神、科学精神、协作精神及和谐精神激励着一代又一代电力工作者，克服了一个又一个困难，创造了一幕又一幕辉煌，在社会建设与发展的光荣历程中，书写了一页又一页光彩夺目的篇章。

▌延伸阅读▌

阅读材料三：抗疫一线的国家电网力量

去时飞雪，归来春风。没有哪个春天，让这片土地如此期待；没有哪种回忆，让历经的人们如此情牵。

吴杰是湖北武汉市沌口经济开发区供电公司用电检查主管。抗击疫情阻击战打响以来，他和同事们奋战在疫情防控的最前线，保障发热定点医院的用电安全，对新建的方舱医院、隔离点开展用电检查、指导客户开展线路改造。从大年三十开始，吴杰几乎没有休息一天。2020 年 2 月 14 日下午，沌口经济开发区防疫指挥部决定再建一座方舱医院，选址在龙湖工贸产业园。由于工业园是新建园区，路灯和配电室等设施都未建设或改造完成，吴杰和他的团队在医院建设方的带领下，一边看图纸一边实地考察，当即敲定供电方案、线路走向等关键问题，用两天时间将方舱医院沿线的路灯线路全部架设完毕，医院配电室全部改造完成，体现了抗疫一线的国家电网速度。

王竹松是国网湖北电力恩施供电公司调控中心调控班长，2009 年在武汉同济医院做过亲体肾移植手术，目前每天早晚要坚持吃抗排异药物。但在抗击疫情的关键时刻，他毅然选择顶上去，坚守在调度台前，战斗在抗疫一线。从农历鼠年的第一天起就一直隔离值班，整整坚持了 40 多天，丝毫没有退缩。

牛嵩山是国网天津市电力公司后勤部副主任。国网天津市电力公司向国网湖北省电力有限公司和华中分部捐赠的第一批防疫物资，就由他带领着团队逆行押送去武汉。他们昼夜兼程20多小时、连续奔波1000余千米，终于在第一时间将筹集到的2000套防护服、5万只口罩、100箱特色食品等物资顺利交接给国网湖北省电力有限公司用于抗疫一线。

母维先是国网四川电力遂宁供电公司太乙供电所党支部副书记，同时也是遂宁市射洪鲤鱼村的驻村第一书记，在疫情防控期间，他既是防疫宣传员，又是"快递小哥"，还是保电员抢修线路。他每天忙碌在一线，防疫保电、疫情防控、春耕保电、服务复工、脱贫攻坚，全力防控好疫情，服务好村民。

孙丽萍是国康集团辽宁电力中心医院血液净化中心护士。辽宁电力医院接到上级紧急动员令，组建赴武汉应急医疗队时，她主动请缨报名参战。疫情期间，孙丽萍还随沈阳医疗队奔赴疫区最中心——武汉雷神山医院，成为一名光荣的"白衣战士"。

黄超文是国网湖南电力娄底供电公司娄星区供电支公司客户服务室主任，也是公司支援湖北抗击疫情保供电队的一员。从2020年2月19日至3月21日，在抗疫保电一线整整坚守了31天。

盛华是国网巴西控股公司采购处副经理。当前国内疫情防控形势持续向好，而海外疫情却呈蔓延之势。盛华组织带领采购处全体员工，统筹协调各方资源，在确保完成日常生产、运行所需采购任务的同时，积极开展抗疫物资采购及供应保障，全力确保巴控公司的人员安全健康和正常生产经营开展。

思考题

结合上面的材料，思考电力人的职业精神中体现哪些电力企业文化的特质？

第二章
工匠精神

📖 本章导读：

工匠精神，是从业者的一种职业价值取向和行为表现，融职业道德、职业能力、职业品质于一体，其核心是对工作的敬畏、热爱和对技术的极致追求。工匠精神经过千年传承，始终保持着敬业、精益、专注、创新的内核。传承工匠精神使我们能不断适应社会生产力和生产关系的发展变化，为社会和经济发展持续注入不竭的发展动力。

通过本章学习，能使学习者建立对工匠精神的正确认知，明确工匠精神与职业精神的递进关系，树立起成长为"大国工匠"的远大目标。

✏ 学习目标：

1. 明确工匠精神的定义。

2. 正确理解工匠精神的内涵。

3. 掌握工匠精神的培养方法与路径。

工，巧饰也。匠，木匠也。工匠者，乃精雕细琢之人，一颗细腻心，两只勤劳手，缔造了中华民族五千年灿烂的文明。当前，社会主义现代化建设迈入新时代，我国正从制造大国向着制造强国进行转变，这不仅需要生产技术技能的持续改进，更要求企业从业人员具有高度的职业精神，而工匠精神正是职业精神升华的重要体现。

党的十九大报告指出，要"建设知识型、技能型、创新型劳动者大军，弘扬劳模精神和工匠精神，营造劳动光荣的社会风尚和精益求精的敬业风气"。2017 年 11 月，李克强在会见第 44 届世界技能大赛中国选手时指出："我们要让工匠精神参与每件产品、每道工序，'差不多就行'的心态要不得，要以工匠精神支撑企业家精神，支撑制造强国建设。"

第一节　认识工匠精神

一　什么是工匠精神

工匠，从字面来看，就是工人、匠人的意思，词典的解释为技术精湛、匠心独具的人。在日本，工匠即被称作匠人。古今中外，对工匠的描述基本统一为勤劳、敬业、精益、专注、执着、干练并富于创新精神和创造精神，在一丝不苟地劳作中，不断雕琢和打磨自己的产品和工艺，享受作品和技术升华的过程。在生产技艺的千年传承过程中，如果忽视了工匠精神，社会发展进程和人类文明的持续发展都会一定程度受挫或停滞。

所谓工匠精神，就是对工作执着、热爱的精神；是对所做的事情和产品精雕细琢、精益求精的工作态度；是对制造技术一丝不苟的精神；是对工作质效的孜孜不倦的追求；是从业者的一种职业价值取向和行为表现，融职业道德、职业能力、职业品质于一体，其核心是对工作的敬畏，对工作的热爱和对技术的极致追求。各行各业的技术型、知识型、科技型、创新型劳模，其最核心的精神本质，都可以归结为工匠精神。

二　为什么要传承工匠精神

传承不仅是对一种工艺的延伸，更是一个民族永续发展的根本。中华民族五千年灿烂文明，除了依靠语言、文字传承外，更多依靠的是精神的传承。

仁义、友爱、勤劳、忠诚等精神构成了中华民族精神的坚强内核。工匠精神亦是如此，虽然技艺在一代代工匠手中不断向精、巧的方向发展，但其内核精神、价值判断始终围绕着敬业、精益、专注、创新延展，使得工匠精神能够不断适应社会生产力和生产关系的发展变化，始终对社会和经济发展起着推动作用。

传承的巨大力量推动着我们一步步延续着中华民族五千年的文明延续，特别是近百年以来，中华大地沧桑巨变，在中国共产党的领导下，我国经济蓬勃发展，人民生活水平不断提高，综合国力日益增强，全国各族人民自力更生、艰苦奋斗、奋发图强，积极投身中国特色社会主义建设，创造了震惊世界的发展奇迹，如今的中国有北斗导航，神舟号飞船上天，国产航母"山东号"下水；如今的中国研究直达南极，高铁八纵八横，5G 技术、特高压技术全球领先，使中国当之无愧地成为科技大国、技术大国。我们之所以能由文明走向辉煌，大步迈进中华民族伟大复兴，究其根源正是传承的力量和时代的精神。

随着工业革命的进步，越来越多的产品不再需要手工制造，人工智能已经开始逐步代替人类的工作，大规模地服务于传统工作领域。但工匠却很少被人工智能替代，因为他们正是人工智能的创造者，新时代的工匠不仅能传承古老的文明与技艺，更可以创造出像人工智能这样的技术去解放人类的体力和智力。

近年来，互联网技术深入了我们生活的每个角落。2020 年新型冠状病毒疫情肆虐，实体经济受挫的大形势下，互联网经济却借势风起，获得了高速的成长机会，健康码成了人们出行生活的必备品，云买菜、云课堂、云就医……动动指尖就能得到足不出户却安全周到的服务。"互联网 +"不再是新兴事物而成了生活的刚需，一夜之间，我们好像全员跑步进入了互联网时代。

但仔细分析不难发现，"互联网 +"的基础在互联网，但精髓却在后面的"+"，互联网技术只是一种媒介和手段，真正产生核心竞争力的还是与之结合之下产生的技术创新。在"互联网+"时代，将工匠精神追求极致的特点融入开放的互联网视野之中，创造出最新技术与产品，利用互联网快速反馈的特点，第一时间改进工艺和产品的细节，形成技艺与品质的良性循环。从这个意义上说，在"互联网+"时代，工匠精神不仅没有过时，反而在新技术的加持下，焕发出了全新的时代光彩。

三 工匠精神的内涵

工匠精神的内涵包括敬业、精益、专注、创新四方面。

（一）敬业

敬业是从业者基于对职业的热爱和敬畏而形成的一种专心致力于工作的职业精神状态。在工作中，从业者应具有强烈的事业心、专业的工作态度、积极的进取意识，能自觉地调整自己的行为，利用各种资源使工作成果最大化，从而使自身的行为符合职业的要求和企业发展的需求。

敬业首先要爱岗。爱岗是敬业的基础，而敬业是爱岗的升华，工匠必须发自内心热爱自己的岗位和工作。现代社会高度工业化和市场化，各个环节紧密结合，一支铅笔的制造要经过上千道工序才可完成，一座电力铁塔要十万个部件才能构成，一列动车车厢要三万七千多道工序才能完成。现代社会的分工精细而且结构严谨，这就需要现代工匠具备高度的乐群、奉献和团队精神，作为团队中的一分子，高度认同团队，精诚合作，不计较个人利益得失，才能高度凝聚企业和团队的精神和前进方向，以保证企业整体战略目标的实现。

敬业的另一层要义是要恪尽职守。所谓恪尽职守，指的是要做好本职工作，专心致志，以事其业。春秋时期，孔子就主张人在一生中要始终"执事敬""事思敬""修己以敬"。执事敬，是指行事要严肃认真不怠慢；事思敬，是指临事要专业致志不懈怠；修己以敬，是指加强自身修养保持恭敬谦逊的态度。

（二）精益

精益是指从业者在作业时精益求精、追求极致的一种职业品质。所谓精益求精，是指追求技艺的精湛与产品的精致细密。《诗经·卫风·淇奥》中对"求精"这样描述："如切如磋，如琢如磨"，描述了工匠在切割、打磨、雕刻玉器、象牙、骨器时仔细认真、反复琢磨的工作态度，儒学借鉴了这一方法，将其作为治学和修身的方法。宋代思想家朱熹进一步提炼它的核心特质，"言治骨角者，既切之复磨之，治之已精，而益求其精也。"由此产生了精益求精一词，由于它对为学、修身、做事所发挥的积极作用，使得其获得了道德意义，从而成为工匠所追求的重要美德。

精益求精的品质是工匠精神的核心。在工作实践中，要想实现精益求精，就必须做到在执行上关注细节，在态度上追求完美。在执行中，有了对细节的关注，才可能有精致的产品。据《考工记》记载，我国在战国时期就生产出过极其精致的编钟，其工艺可达到"圜者中规，方者中矩，立者中悬，衡者中水，直者如生焉，继者如附焉"。马王堆出土的汉代素纱禅衣丝缕极细，用料 2.6 平方米，质量仅 49 克，薄如蝉翼，轻若烟雾，是世界上最轻的素纱蝉衣。著名的苏州园林以其意境深远、构筑精致著称于世，被称为"咫尺之内再造乾坤"，中国的丝绸、陶瓷等工艺品以其精湛的技艺远销欧亚，这些产品的背后都凝聚着中国工匠精益求精的工匠精神。在日本，工匠精神在各种企业中随处可见，如在工厂的生产区域，会规划最适合行进路线，准确丈量出员工从一个地方到另一个地方具体需要多少步，并在地上画出路线，引导员工在这条线路上行进，以节约工作时间；车间里每道门所在地的地面上都会画出一个半圆，提示门打开后的半径范围，提醒作业人员不要走入这个范围。正是这种精雕细琢、精益求精的精神，才让日本企业在世界市场上站稳了脚跟。

在态度上，工匠精神强调对完美的坚持和不懈追求。工匠精神具体来说不是一种方法和技术，而是一种价值观和态度，是一种对工作品质永不满足、永不妥协，与自己较劲、追求完美的态度。管理大师亨利·明茨伯格在《战略化手艺》一文中讲道："手艺会让人想起传统的技艺、专注以及通过细节把握做到完美。人们想到更多的不是思考和推理，而是各种原材料水乳交融的感觉，这种感觉来自长期的经验与投入。"这种态度在日复一日、年复一年凝心聚力的实践中内化为人的价格判断，进而影响人的精神世界。

（三）专注

专注就是专心注意、集中精力去完成一件事，主要指从业者对自己的工作内容和工作细节耐心、执着、坚持的职业品质。这也是各代工匠们的共同特质，无论是古代还是现代，无论是国内还是外，凡是在自己的领域体系出成就的工匠们，都有一种强烈的执着精神和强烈的专注力。在现代社会，执着精神和专注力能帮助职场新人快速明确自身的职业定位，能帮助职业人孜孜以求，不断成长，长期坚持高质量、高效地完成一件事，不断在工作领域里积累优势，最终通过不断地打磨，将自己雕琢成为专业领域里的佼佼者。

专注主要包括潜心钻研和锲而不舍两个方面。工匠精神中的专注主要指在自己的专业领域里潜心钻研，不断打磨技艺，提升技艺的熟练度和精准度，做事做到精和极致，由内而外的融会贯通，潜心钻研小事、难事，不断打磨细节，使各项工作得心应手，人无我有，人有我精。传统的响铜器有"千锤打锣，一锤定音"的说法，这关键的"定音"特技，就是一代又一代匠人在细节上苦心钻研、不断修正、不断创新发展技艺的结果。

锲而不舍，就是要在一个领域不放弃，不为挫折所动摇，不断追求的精神，是始终如一的坚持和毅力。改革开放带来了高度开放的市场，开放的市场带来的巨大竞争压力必然要求企业在各自的领域内不断深耕，打造出属于自己的独特竞争力来制造卖点，这就要求从业人员和企业都要将工匠精神当作企业的重要生产力，在专的基础上求精，在精的基础上追求锲而不舍的精益求精，恪守本身，专注技艺，从传承和发展的角度去认识工匠精神，遵从工匠精神，践行工匠精神。

（四）创新

创新是指从业者在自己的工作岗位上追求突破、追求革新的职业品质。它是工匠精神的重要特质，也是从业者在具备了敬业、精益、专注之后自然具备的一种个人能力。从古至今，放眼世界，能称得上工匠的人们，无一例外都在自己的专业领域中创造创新，成为推动思想升华、科技进步、生产力发展的重要力量。

新时代的工匠精神强调在传承基础上的创新。因为只有在传承基础上的创新，才能承接前代的精神和创新成果，并在深度掌握和发展的基础上创新，以不断推动产品的更新换代，使产品更加适应当前的市场和客户需求，以满足人们日益增长的美好生活的需要。

创新精神古已有之，中国古代就有"尚巧"的创造精神。《说文解字》曰："'工'，巧饰也。"段玉裁注曰："引伸之凡善其事曰工。"《汉书·食货志》曰："作巧成器曰工。"《公羊传》何休注云："巧心劳手以成器物曰工。"在某种程度上，"巧"就是工匠的代名词，并构成了工匠区别于其他职业群体的鲜明特征。巧夺天工、能工巧匠、鬼斧神工、巧同造化之类的词语至今仍是对工匠能力的至高赞美。同时，"巧"即创新，也是对事物品质重要的衡量标准，如《考工记》曰："天有时，材有美，工有巧，合此四者，然后可以为良。"就将创新列为优良器物的重要考核标准。

创新本质上体现了创造性思维的特质。"苟日新、日日新、又日新"，创新要求人们敢于打破常规，别出心裁，不拘泥于传统。那些在中国历史上被称为能工巧匠的，不只是因为他们技艺的熟练，更重要的原因在于他们身上所具有的创造性品质。放眼国际，那些走在市场前端和顶端的企业也不断在企业文化中注入创新元素。日本企业在面对同类竞争的时候，会把不断创新、精益求精放在重要位置，因为如果停止创新了，企业就会在激烈的竞争环境下倒闭，也因此，日本培养出了非常多手艺精湛的蓝领工人。同时，日本的社会氛围也对拥有技术和出众手艺的匠人（即工匠）非常尊重，职业教育和学徒制在日本非常发达，而寿命超过 200 年的企业日本有 3100 多家，居全球之首。

美国通用电气（GE）董事长兼 CEO 杰克韦尔奇说过："我们每个人都有可能成为创新的人，关键看我们有没有创新的勇气和能力，能否掌握创新的思维方法和运用创新的基本技巧。"作为企业发展的智慧源泉，每一位员工都有责任在自己的工作中不断创新，发挥出更高的创造力，来推动技术革新、技术创新和技术创造。

总体来说，敬业、精益、专注、创新的工匠精神是一个人职业生涯的最佳指引。一个青年人，如果在进入职场之初，就能将工匠精神作为自己职业发展和规划的指引，定能为自己的职业生涯铺就一条通往光明的大道。而社会的进步和发展也在不断强调工匠精神的重要作用，一个企业想要创造出高质量的产品，势必需要大量的高素质工匠型员工。党的十九大报告指出："我国经济已由高速增长阶段转向高质量增长阶段，正处在转变发展方式、优化经济结构、转换增长动力的攻坚期，建设现代化经济体系是跨越关口的迫切要求和我国发展的战略目标"。而工匠精神正是企业高质量发展的重要助力，通过工匠精神的不断传承和创新，定能推动"中国制造"向"中国智造"转型，推动我国从"工业大国"向"工业强国"不断前进。

▌延伸阅读▐

阅读材料一：高空带电作业"主刀医生"赵文武

赵文武，国网辽宁电力大连供电公司输电运检室输电带电作业班班长，高级技师，全国劳动模范，他所带领的输电带电班连续多年被授予中华全国总工会"全国工人先锋号"，并先后获得了6项国家专利。

1988年，赵文武从大连电校毕业成为一名送电工人，从此他与铁塔银线结缘。在这个最艰险的一线岗位，一干就是28年，从一名送电工人成长为技能尖子、技术员、带电班长、送电专业高级技师、国网辽宁省电力有限公司送电专业生产技能一级专家。2007年，大连经历百年不遇的"风暴潮"，300多基铁塔被摧毁，赵文武带着他的队员们，奔赴抗冰抢险第一线，顶风冒雪奋战30天，终于使所有受损线路恢复如初。2008年，赵文武主持参与了对全部18项带电作业标准化作业指导书制定、修改和完善工作，并创新性地制定了工作标准流程，形成了完整的输电作业全过程标准化作业规范。2009年，兴和线66千伏线路导线断股，赵文武带着两名员工赶到现场，经过艰难的过程，修复了导线，恢复送电。

高空带电作业需要过人的胆识和精湛的技能，"既然干上这一行，怕也没有用，只有把技术学扎实，自己才能安全。把活干好了，才有面子。"抱着这种朴素的想法，赵文武用青春兑现了对工作的热爱。在谈到工匠精神时，赵文武这样表达了自己的理解："工人是干活，而工匠是把工作做到极致。"正是他的这种精神，使他28年如一日地坚守在送电一线，取得了现在的成就。

第二节 培养工匠精神

工匠精神虽然在我国古已有之，但在社会大规模提倡并开展专门研究却是近几年兴起的。立足本国，放眼国际，我们结合同样对职业精神和工匠精神高度重视的德国、日本和瑞士等国家，通过内外结合的方式，共同探索新时代工匠精神的培养路径。

一 让技术技能人才拥有较高的社会地位和收入水平

让技术技能人才拥有较高的社会地位和收入水平，一方面，有利于现有的技术技能人才安于本职工作，潜心钻研职业技能，不断磨砺职业精神，进而发展为工匠精神；另一方面，可以激励尚处于学习阶段的新人或学生努力学习技术，磨砺技能。在德国，技工是一个很受尊敬的群体，德国前总统赫尔佐克曾指出："为保持经济竞争力，德国需要的不是更多博士，而是技师。"

德国社会普遍认为，职业无尊卑贵贱之分，只是分工不同，技工等技术技能人才所从事的职业能够创造具有高质量的产品，同样创造出社会价值，理应受到全社会的尊重。另外，完成了职业教育的德国人大部分能找到一份比较稳定的工作，其收入和社会地位属于德国中等水平，少数获得师傅资质的技术工人的收入可能接近工程师或大学教授等高收入群体的收入。正因为拥有较高的社会地位和收入水平，德国的技能人才和技术工人才愿意将大量的时间和精力投入到本职工作，潜心研究职业技能，不断磨砺工匠精神，助力企业发展的同时，也为自己赢得了更好的声誉和更多的收益。

🥈 形成认同职业教育的社会氛围

职业教育是与经济社会发展联系十分密切的一类教育，如果引导全社会深刻认识职业教育的价值，形成认同职业教育的良好社会氛围，有利于充分发挥职业教育的积极作用，为经济社会发展培养大量兼具较高水平职业技能与工匠精神的高素质技术技能人才。

在德国，技术、工艺、操作技能及其训练都被视为科学，起源于中世纪的"师徒制"也由于师傅地位高，学徒认为自己有前途而大受追捧，这种不鄙视技能的文化传统对工匠精神的培养产生了很深的影响，很多家长和学生在中学教育结束后很自然地寻求"双元制"培训位置，很多企业也乐于提供培训位置，多数青年人愿意接受"双元制"职业教育。德国政府将职业教育视为在国际市场竞争中的原动力，企业将职业教育视为产品质量的保障，民众将职业教育视为自己生存的重要基础及其个性发展、实现自身价值和社会认同的前提，因此，德国社会形成了认同职业教育的良好社会氛围，加之德国的宗教伦理、民族性格、企业文化和工程师文化等要素的作用，共同培养出了以严谨认真闻名于世界的"德国制造"。

在瑞士，职业教育发展也有着良好的社会氛围。早在1848年，瑞士联邦宪法就确立了技术教育的地位，同年还颁布了经费资助法，明确了联邦政府和公立企业资助职业教育的责任；1930年，瑞士颁布了第一部联邦职业教育法，明确规定职业教育由联邦政府统一管理，徒工有参加职业培训和上职业学校的义务。瑞士人普遍认为，职业教育是开展人力资源培训、全面提高劳动者素质的重要举措，是瑞士经济和科技发展的最重要因素之一，是瑞士经济腾飞的"秘密武器"。正是因为对职业教育极为重视，瑞士尽管国土面积很小，却在国际竞争力总排名中长期居于榜首。

🔢 重视对技术技能人才职业精神的培养

职业精神培养是工匠精神培养的基础。由于职业精神是职业素质的精神层面要求，其水平高低相对难以判断，因此，在对产品和质量要求不高的情况下，人们容易倾向重视职业技能培养而忽视职业精神培养。反之，当社会财富积累到一定程度，人们对美好生活的需求与经济发展不平衡不协调时，人们就会更加重视职业精神。所以，社会对职业精神的重视，对工匠精神的推崇，正是社会生产力进步和经济发展的表现。

日本在培养技术技能人才时很重视职业精神的培养。日本的职业学校，如关西机动车整备专门学校和神户高技术专门学院，从目标定向到教育过程，再到结果考核，都保证了职业精神的充分发育与强化。在培养目标中，将"高超的技术能力，敬业专职的精神、职业生涯发展理念和职业认同感、自豪感"作为技术技能人才的培养目标，明确规定要培养职业精神，还通过严格的入学考核、开展作品展览和职业人展示、深入企业访问和增强职业资格的吸引力等途径来加强学生对职业精神的重视。

同时，在日本的技术技能人才培养中，企业职业培训比职业学校发挥着更加重要的作用，被誉为日本职业教育的"主要支柱"和"日本经济奇迹"的主要依靠力量。在企业职业培训中，职业精神培养往往是重要内容。例如，创立于1971年的日本著名企业秋山木工会社，其创始人秋山利辉很重视员工职业精神的培养，他在生活、工作、培训的各个环节，反复引导与训练员工，不断磨炼员工的心性和品格，培养他们一流的职业精神。通过八年的培养和训练（一年准学徒，三年学徒，四年工匠），秋山木工会社的员工成为技术精湛、品行优良、客户信赖的一流工匠。

四 重视榜样的作用

榜样的力量在精神的传承过程中起着至关重要的作用，榜样既可以为后来者的学习活动提供参考，也可以激励后来者付出更多努力做得更好。在工匠精神的培养过程中，榜样具有积极的正向作用。

日本的秋山木工会社在培养一流工匠的时候，很重视榜样的作用，而这个榜样，就是秋山木工会社的创始人秋山利辉本人。为了将学徒培养成为一流工匠，秋山利辉为他们设计很多独特的教学活动——每天早晨6点钟开始长跑15分钟；早餐要一起吃，不能挑食，吃不完要道歉；早会上跟着朗诵《匠人须知三十条》……所有这些活动，秋山利辉都全程参与。此外，秋山利辉还不断磨炼自己的技艺，要求自己每天都要有进步，以向学徒展示一个工匠"生命不息，工作不止"的精神，为学徒树立了积极的榜样。日本神户高等专门技术学院建设了一个开放式的学生作品陈列室，学生制作的各种优秀作品，都陈列其间供在校学生学习欣赏，学校教师还经常激励学生对陈列出来的优秀作品进行改制，制作出更多更好的作品，神户高等专门技术学院和关西机动车整备专门学校邀请往届毕业生和职场人士来学校举办讲座或座谈会，请他们向在校学生展示自己事业的成就，传授要领并解答学生的各类疑难问题。

五 重视反思的作用

工匠精神培养中的反思主要指返回去思考，即对已经发生或完成的事件、行为或生活经历的思考。在技术技能人才的培养中，引导学习者对已经发生或完成的事件、行为或生活经历，自己的经验、行为等进行反复、深入的思考，有助于学习者迅速认识相关问题的本质特征，并找出不同事物之间的联系，对培养从业者的工匠精神产生促进作用。

日本的秋山木工会社在培养一流工匠时，就很重视反思的作用。秋山利辉要求学徒每天结束现场的作业任务回到会社后，要通过书写工作报告的形式反思当天所做的工作。学徒要在工作报告中写出自己当天没有做好或没有做的事情，并找出其中的原因。学徒被要求用设计用的大开本纯白绘本而不是笔记本来写工作报告，他们可以按照自己的想法，创造性地写作，可以用图画的方式来表达，也可以用文字的方式来表述。报告写完后，学徒前辈会在当天对报告进行检查，检查内容包括有没有文字错误、对所学内容的理解是否正确等。学徒前辈需要用红笔标出报告中的问题，改正，并写上一句话评语，5~6 名学徒前辈完成对所有报告的检查后，将全部报告送给秋山利辉确认，然后将报告发下去，让报告写作者自己去看修改指正的地方。

瑞士的职业院校在培养技术技能人才时，也很重视反思的作用。在项目课程的工作项目中，瑞士的商业职业学校要求学员们通过撰写课程日志的方式对自己的学习活动进行反思。这些日志中，学员们对自己的各种相关经历进行描述，对自己的思想发展过程进行回顾，并列举出相关人员对改善自己行为的建议，在此基础上，学员们结合各自的知识基础，对自己未来的学习活动进行规划与设计。

▎延伸阅读▎

阅读材料二：日本秋山木工会社的《匠人须知三十条》

1. 进入作业场所前，必须先学会打招呼

2. 进入作业场所前，必须先学会联络、报告、协商

3. 进入作业场所前，必须先是一个开朗的人

4. 进入作业场所前，必须成为不会让周围的人变得焦躁的人

5. 进入作业场所前，必须要能够正确听懂别人说的话

6. 进入作业场所前，必须先是和蔼可亲的人

7. 进入作业场所前，必须成为有责任心的人

8. 进入作业场所前，必须成为能够好好回应的人

9. 进入作业场所前，必须成为能为他人着想的人

10. 进入作业场所前，必须成为"爱管闲事"的人

11. 进入作业场所前，必须成为执着的人

12. 进入作业场所前，必须成为有时间观念的人

13. 进入作业场所前，必须成为随时准备好工具的人

14. 进入作业场所前，必须成为很会打扫整理的人

15. 进入作业场所前，必须成为明白自身立场的人

16. 进入作业场所前，必须成为能够积极思考的人

17. 进入作业场所前，必须成为懂得感恩的人

18. 进入作业场所前，必须成为注重仪容仪表的人

19. 进入作业场所前，必须成为乐于助人的人

20. 进入作业场所前，必须成为能够做好自我介绍的人

21. 进入作业场所前，必须成为能够拥有"自豪"的人

22. 进入作业场所前，必须成为能够好好发表意见的人

23. 进入作业场所前，必须成为勤写书信的人

24. 进入作业场所前，必须成为乐意打扫厕所的人

25. 进入作业场所前，必须成为能够熟练使用工具的人

26. 进入作业场所前，必须成为善于打电话的人

27. 进入作业场所前，必须成为吃饭速度快的人

28. 进入作业场所前，必须成为花钱谨慎的人

29. 进入作业场所前，必须成为"会打算盘"的人

30. 进入作业场所前，必须成为能够撰写简要工作报告的人

阅读材料三：聪明的学徒和笨拙的学徒

有一句话叫"做事快"，很多场合它指那些能够在短时间内麻利

处理各种事情的人，在以匠人精神闻名的日本秋山木工会社，创始人秋山利辉也经常能接收到这样聪明的学徒。

例如教会刚入社的学徒钉子这件事，新入社的学徒 A，毕业于日本的工业高中（类似国内职高），在学校就学习过钉钉子的方法，相比其他人，钉得很快，给一张图纸，自己就能把钉子钉起来。

而毕业于一般高中的 B，由于手工方面的基础知识完全空白，怎样握锤、怎样拿钉、怎样防止受伤都要从前辈那里去学习，在 A 完成任务 1 小时后，B 终于完成任务。

但要问 A、B 两位学徒谁更有发展前途，秋山利辉却认为可能是后者。

秋山利辉认为手巧的人总能快速把事情完成，可能缺失"要学点儿什么""希望别人教点什么"的谦虚之心，如此一来，发展的局限就产生了。相反，不聪明的人能够了解自己的不足之处，并主动练习，学会之后，会因为成就感而提升自信，这种自信又会促进他反复练习。于是，笨拙的 B 反而会因为技术的一天天磨炼，水平最终发生质的改变，成为了不起的工匠。

所以秋山利辉重视人的心性培养更甚于技术。他认为只要是个踏踏实实练习的人，即便刚开始做得不好，终究通过量变累积到质变，取得突破与进步，只要保持一颗谦虚之心并专心致志地持续努力，就一定能取得巨大的成就。

思考题

结合材料思考，为什么笨拙的人反而容易成为工匠？

第三章
诚实守信

📖 **本章导读：**

诚信不仅是个人私德，更是社会公德的重要组成部分，是职业精神中对职业行为的道德约束与整合。从业者的诚信，不仅体现在对企业忠诚，更表现为将自身和企业视为命运共同体。

通过本章学习，能使学习者建立对诚信精神的正确认知，树立正确的职业理想和态度，培养自己忠诚企业、忠诚社会的良好职业精神与价值取向。

✍ **学习目标：**

1. 正确理解诚信的内涵。

2. 认同诚信的重要意义。

3. 正确把握什么是"忠诚企业"与"立德做人"。

4. 正确地理解诚信对于企业和个人的共同作用和重要意义。

诚信，乃道德之根基、人格之底蕴、立世之根本。西晋羊祜《诫子书》中说："愿汝等言则忠信，行则笃敬"，旨在说明言而有信、言出必行的重要性。北宋著名理学家程颢、程颐兄弟的《程氏家训》中有"人无忠信，不可立于世。不信不立，不诚不行。不诚无以为善，不诚无以为君子"的教诲，意在说明诚信是君子修身立德的重要途径，是为人处世的重要原则。清代廉吏汪辉祖在《双节堂庸训》中说："以身涉世，莫要于信。此事非可袭取，一事失信，便无事不使人疑"，旨在告诫后世子孙，人生在世，一事失信，事事受疑，必须以诚信为先。

所谓诚信，是一种职业生存方式，是一个从业者的基本品德和职业道德，是职业精神的道德层面反映。在职业活动中，企业拥有诚信的员工，业绩才会有充分的保障，而员工在诚信的企业中工作才能获得稳定的物质报酬与精神需求的满足，所以诚信不仅是从业者个人成长的必要条件，更是一个企业发展壮大的重要品质。

第一节　内诚于心，外信于人

一　"诚"的含义

"诚"是向内的，指向如何对待自我，从道德的维度规定了如何"为人"。所谓"诚"，即内心真诚、真实，"诚者，真实无妄之谓"，强调对自我的诚实无欺。内省无愧于良心，俯仰不怍于天地，这是自我内在的道德自觉，是做人的基本品质，也是道德修养的基础。古人把"诚"视为修身的核心、完善自我的功夫，《荀子》中说："君子养心莫善于诚"，君子陶冶思想性情，提高道德修养，没有什么比"诚"更重要的了。《礼记·大学》中也说："欲正其心者，先诚其意，诚其意者，自修之首也"，"诚"也由此成为治国平天下的前提和根本。

"诚"字首见于《尚书》，但作为实词使用，却最早见于《左传》："明允笃诚"，"笃诚"指的就是切实忠诚的意思。又见于《易·文言》："闲邪存其诚""修辞立其诚"。说的是在人们年幼的时候，非常天真无邪，但随着年龄的增长，遇到的人和接触到的事物越来越多、越来越复杂，思想和内在就会随环境发生变化，可能导致内在的诚心越来越弱。而"闲邪存其诚"就是要防止内心散乱、产生恶念，只有防邪，才能够存诚。随着年岁的增长，每个人有了自己的思想、行为和语言，就要"修辞立其诚"，说话要说有益的话，要说有用的话，不乱说不乱写，建立起诚信的内在基础。

归纳中国传统文化对"诚"的定义，大致得到以下两个层次的含义。

（一）不自欺

不自欺是"诚"最基本的含义，说明道德在本质上是人类精神的自律。所以，诚信首先不是一种外在的承诺——不欺骗别人，而是内在的真实——对自己的诚实。所有对别人的欺骗，首先是在内心对自己的欺骗。守住内心的堤坝，无条件地恪守自己内心的准则，才能不因任何外在的诱惑而改变。孔子说："知之为知之，不知为不知，是知也。"一个人最重要的是知道自己有几斤几两，有自知之明。倘若连对自己都不诚实，那又怎么能诚实地做人、诚实地做事呢？

战国时期，赵国大将赵奢曾以少胜多，大败入侵的秦军，被赵惠文王提拔为上卿。他有一个儿子叫赵括，从小熟读兵书，张口就是兵家之事，别人往往说不过他。因此很骄傲，自以为天下无敌。可赵奢却很替他担忧，认为他不过是纸上谈兵，并且说："将来赵国不用他为将罢，如果用他为将，他一定会使赵军遭受失败。"在公元前259年，秦军大举来犯，赵军在长平坚持抗敌。那时赵奢已经去世。秦国派人到赵国实施反间计，使赵王上当受骗，派赵括替代了老将廉颇。赵括自认为很会打仗，死搬兵书上的条文，致使赵军全军覆没，不仅葬送了自己的生命，也使国破家亡。

不自知的人是可怕的，更可怕的是他已习惯于自己的谎言。然而现实却总让自欺者无所遁形。

（二）慎独

慎独是儒家的一个重要概念，慎独讲究个人道德水平的修养，看重个人品行的操守，是个人风范的最高境界，东汉郑玄注《中庸》云："慎其家居之所为。"人们一般理解为"在独处无人注意时，自己的行为也要谨慎不苟"。即美好高尚的道德应该伴随着人，时时处处都不应该背离，因此，越是在人们看不到的地方，越是在细微之处，越是应该严格自律，谨慎有加。

在电力生产的过程中，安全是头等大事。为了加强电力生产的现场管理，确保人身、设备和电网的安全，国家电网公司依据国家有关法律、法规，结合电力生产实际制定了一系列安全生产规章、制度。对于从事电力行业相关工种的员工，应当认真学习安全规程，在作业中严格按照规程、规范的要求来开展工作，以确保工作质效，特别是确保安全生产。在作业的过程中，有领导监督的时候要严格落实各项安全措施，避免纰漏，做到标准化作业；没有领导监督的时候，更应该时刻绷紧安全这根弦，做到慎独，始终明确增强安全意识，履行安全职责的最大受益人是自己，确保"四不伤害"，即不伤害自己，不伤害他人，不被他人伤害，不让他人受到伤害。只有严于律己，谨慎做事，才能在任何时候无愧于心。

二　"信"的含义

"信"，德之端也。"人""言"为"信"，这是一个会意字，即只要是人说的话就能相信，可见古人的淳朴，口说即可为凭。

"信"是向外的，指向如何对待他人，侧重于人际交往层面，指言而有信、遵守信用，从伦理的维度规定了如何"处世"。所谓"信"，即守信、守诺，把道德主体内在的"诚"推及他人，强调对他人的"诚"，即对别人真诚无欺，言必信、行必果。作为协调社会关系的具体德目，"信"是人际相与的基本要求。《论语·为政》有云："子曰：'人而无信，不知其可也'"。孔子认为，一个人如果不讲信义，不知他该如何立足处世。可见诚于中，信于外，内诚于心，方能外信于人。

春秋战国时，商鞅在秦孝公的支持下主持变法。当时处于战争频繁、人心惶惶之际，为了推进改革，商鞅下令在都城南门外立一根三丈长的木头，并当众许下诺言：谁能把这根木头搬到北门，赏金10两。围观的人不相信如此轻而易举的事能得到如此高的赏赐，结果没人肯出手一试。于是，商鞅将赏金提高到50两。重赏之下必有勇夫，终于有人将木头扛到了北门。商鞅立即赏了他50两黄金。商鞅这一举动，在百姓心中树立起了威信，而商鞅接下来的变法就很快在秦国推广开了。

人无信不立，国无信不兴。古往今来，诚信的力量从来都不容忽视。古语"自古皆有死，民无信不立"讲的就是这个道理。在治理天下的过程当中，足兵（加强国防力量）、足食（让大家有饭吃）、民信（民众对政府的信心）这三者能全具备最好。如果万不得已要去掉一个，就宁可去掉"兵""食"，也不能丢掉"民信"！正所谓"得民心者得天下"。《东周列国志》中记载，周幽王为博美人一笑，烽火戏诸侯而导致亡国，就印证了这一点。

归纳对"信"的定义，大致得到以下两个层次的含义。

（一）不欺人

不欺人是"信"最基本的含义。生命不可能在谎言中开出灿烂的鲜花。

《郁离子》上记载了这样一个故事：济阳有个商人过河时触礁船沉了，他大声呼救。有个渔夫闻声赶来，商人赶忙喊道："我是济阳首富，你快救我，我给 100 两金子。"等到被救上岸后，商人却翻脸不认账了。不仅不给钱，还讹了渔夫一笔钱，理由是渔夫救他的时候不小心把他的衣服弄破了。渔夫敢怒不敢言，愤愤离去。谁料后来商人又在原地翻船了，有人欲救。那个被他骗过的渔夫说道："他就是那个说话不算数的人。"于是商人淹死了。

2000 年后，因为我国经济的迅速发展，乳制品市场转变成一个很大市场，可划分为高、中、低三个消费层次。在此因素下，知名品牌三鹿顺势推出一袋 18 元人民币（约 3 美金）的低价奶粉占领低端消费市场并取得巨大成功，多年后爆发污染事件，并在国内奶品市场引发关于奶粉质量的连锁信任危机。最终，三鹿宣布破产，价值 150 亿元的品牌随风而逝。

对于一个社会单位、一项社会事业而言，不欺人可以说是立业之本。守信作为一项普遍适用的道德规范和行为准则，是建立行业之间、单位之间及人与人之间互信、互利的良性互动关系的道德杠杆。很难设想，一个不讲诚信、不守信用的单位或企业，在现代社会会有长期立足之地。

（二）重信用

信用也可理解为信誉，是依附在人之间、单位之间和商品交易之间形成的一种相互信任的生产关系和社会关系。信誉构成了人之间、单位之间、商品交易之间的双方自觉自愿的反复交往，消费者甚至愿意付出更多的金钱来延续这种关系。辛苦建立起来的信任感，如若因为一件小事被打破，就很难再次延续。所以，重视信用，时刻关注个人和集体的信誉，才能在社会上久立不倒。重视职业道德，恪守承诺，往往可以在经济上得到丰厚的收益；反之，不但会在道德上招致谴责，还会受到法律的严惩，更难以在经济上获得长久的利益。

二　"诚"与"信"的关系

在古代汉语中，"诚"与"信"二者互训，也就是说二者可以互相解释、意义相通。在现代汉语中，我们也将"诚""信"二字连用，表示处事真诚、老实、讲信用。因此，诚信就是诚实、守信，涵盖了"诚"和"信"两个方面，是内在道德自觉与外在伦理规范的统一，也是传统社会为人处世的基本伦理道德要求。

最早将"诚"与"信"二者连起来使用的，是春秋时期法家的管仲，《管子·枢言》中说："先王贵诚信。诚信者，天下之结也。"管仲突出了诚信的重要性，明确将其看作是天下伦理秩序的基础。儒家更是十分重视诚信的作用。孔子强调"民无信不立"，指出诚信是治理国家的重要思想，是国与国之间交往所应遵守的道义标准，更是人们交往应遵守的基本道德规范，要做到言而有信。孟子在孔子诚信思想的基础上进一步发展，将朋友有信与君臣有义、长幼有序、夫妇有别、父子有亲相结合，统称为"五伦"。汉代董仲舒将"信"与仁、义、礼、智并列为"五常"，将其视为最基本的社会行为规范。

就"诚"与"信"的关系而言，"诚"是"信"的内在基础和道德源泉，"信"是"诚"的外在延伸和伦理呈现，"诚"与"信"内外呼应、相通无碍。

（一）"诚"是"信"的基础

"诚于中而形于外"，没有诚这一内在的基本道德品格，就不可能对别人真诚、诚实，内诚于心方可外信于人。

从前有个国王，年纪很大了，他决定挑选一个孩子当未来的国王。这一天，全国各地挑选出来的孩子都聚集到王宫，国王给每个孩子发了一粒花籽，让他们种在自己的花盆里。三个月后，国王将根据种花的成绩来挑选未来的国王。三个月过去了，孩子们一起来到国王面前，他们一个个都捧着一盆花，有红的，有黄的，有白的，都很美丽。可是国王看着这些孩子，却皱起了眉头，一句话也不说。他边走边看，忽然看见一个孩子手里捧着一个空花盆，低头站在那里，显得很伤心。国王走过去问："孩子，你怎么捧着个空花盆啊？"孩子哭起来了，说："我把花籽种在花盆里，每天用心浇水，可是花籽怎么也不发芽。我……我只好捧着空花盆来了。"国王听后，高兴得笑起来。他说："找到了！找到了！我就是要找一个诚实的孩子做国王。"原来，国王发给孩子们的花籽是煮过的，怎么可能发芽、开花呢？

故事归故事，但是从中也能看到在职场选人、用人过程中，诚实的重要性，因为诚实是人生永远最美好的品格。

（二）"信"是"诚"的表现

"信"是"诚"的道德实践，内在的"诚"体现于外在的"信"中，欺人即自欺，对别人言行不一、背信弃义，其实也是对自己"诚"之德性的背叛和欺骗，"诚"与"信"一体两面，形神相通。

有个现象是很有意思的。有些人合伙办企业，办着办着，就会有分歧，办着办着，就会散伙。究其原因，很多是因为互相的信任出了问题。自己可以做到内诚于心，却做不到外信于人，对他人总抱防范和怀疑之心。这就是人们常说的"害人之心不可有，防人之心不可无"。自古以来，人们普遍认为"无商不奸，无奸不商"，在最需要信誉的商业领域却有这样的诚信危机，该如何解决呢？

在这个问题上，浙江的生意人树立了一个很好的典范。他们之所以能够做大做强，不仅自己"诚"在第一，而"信"更重要。一个人做什么项目，一个村子的人都放心把钱交给他打理，从不会怀疑自己信任的人，大家始终坚信"大家好才是真的好"。

"诚"是一个人立身处世的基本准则，而"信"才是成就事业的基础。试想，一个人再"诚"，如果对谁都不信任，那谁又能信任他呢？即便你是一个领导，如果一个人都不信任，那诚又能从何体现？谁又能帮你做事？所谓"用人不疑，疑人不用"，"诚"和"信"都是相互支撑的，缺了谁都不能叫作诚信。当你怀疑别人时，就不可避免被别人怀疑，当你总是提防别人时，你也可能时刻被人提防，那么如何实现"1+1>2""团结起来力量大"呢？"诚"只能说明自己是一个好人，而只有"信"才有凝聚力，才能发扬团队精神，才能合作共赢。

（四）诚信的重要意义

对个人而言，诚信是立身之本，是做人做事必须坚守的道德底线；对企业而言，诚信是无形资产，靠信誉打造品牌才能赢得百姓信赖；对社会而言，诚信是公序良俗，是社会和谐和睦的基本前提；对国家而言，诚信是软实力，是国家发展、国际交往不可或缺的重要基石。

诚信是必不可少的人生素养和行为操守，是最基础的价值观和最基本的行为准则。北宋大儒司马光一生"以至诚为主，以不欺为本"，无论是为官、治学还是处世，始终秉持诚信之道，这得益于良好家风的熏陶。宋人邵博所作《邵氏闻见后录》中记载了这样一则故事：司马光五六岁时，想吃青核桃却不会剥，司马光的姐姐想帮他把皮剥掉，却也没能成功，姐姐有些气馁，就先离开了。此时恰巧路过一位婢女，她用热水将核桃烫了一下，轻轻一剥皮就下来了。姐姐回来，问是谁剥掉了核桃皮，司马光回答说："是我自己剥掉的。"此言刚好被司马光父亲听到，他立即严厉训斥道："小孩子怎能说谎骗人呢？"此事让司马光刻骨铭心，年长之后，他还把这件事写到纸上，时时告诫自己不能说谎。正所谓"爱子，教之以义方"，司马光终生践行诚信二字，正是因为在小时候，父亲便将诚信这颗种子深埋在他的心中。

诚信，既是个人与他人、与社会的一份契约，更是自己与良心的一个约定。从长远计，人人都要加强自身诚信建设，让诚信真正成为一种思想自觉、一种行为习惯，为个人和社会发展注入更多正能量。

诚信是传统道德体系中最具有普适性的德目。正是基于这种普适性，当狭义的忠、孝等传统伦理道德规范随着宗法社会、君主集权政体的解体而陷入困境时，诚信却历久弥新，彰显出其超越时空的永恒价值，成为构建现代诚信体系的宝贵资源。当然，在继承和发扬恪守诚信的传统美德的同时，还要把江湖义气与恪守诚信区别开来，诚实做人，照章办事，做到恪守诚信。

▌延伸阅读▐

阅读材料一：全国诚实守信模范范海涛——还百姓碧水蓝天

范海涛，男，汉族，1964年7月生，中共党员，河南省辉县市孟庄镇南李庄村党支部书记、河南孟电集团总经理。

2007年10月26日，一声巨响，3座高耸的烟囱和6座巍然挺立的凉水塔轰然倒地。范海涛眼睛含满热泪，为支持政府的生态建设计划，孟电人20年的心血和资产一瞬间化为乌有。此前，范海涛在2003年已经关停了三条污染严重的立窑水泥生产线，为此企业损失6000万元。孟电集团开发孟电花园小区时，曾向住户承诺双气入户。可是当年冬天，由于2号机组设备不到位，无法为小区供暖。为了兑现承诺，范海涛决定从水泥公司供热锅炉往小区架设临时供热管道，准时向居民供暖，设备到位后，再拆除临时管道，为此企业额外增加损失400万元，但他兑现了承诺。

2008年2月，范海涛当选南李庄村党支部书记。他向村民承诺，用3年时间，让村民过上和城里人一样的生活。2010年，他从企业挤出1.6亿元，不让村民出一分钱，为全村351户村民每户建造一套 270~290 平方米的新式别墅。2011 年再次筹集 3000 万元，在建新社区节约下来的土地上，建设家居建材城和服务中心，为村民提供 500 个就业岗位，每年为村集体增收 300 多万元。2013 年 3 月，他又挤出 160 多万元建设 1100 多平方米的老年中心。

范海涛承诺还给家乡群众碧水蓝天，承诺让南李庄的村民过上和城里人一样的生活。为履行承诺，多年来他一直在坚守、在投入、在创造，诚信与责任是他成就事业的强大动力。

第二节　忠于企业，奉献社会

一　忠于企业，立德做人

我国在春秋时期即有立德、立功、立言的"三立"之说，即做人、做事、做学问。唐代学者孔颖达对"三立"作了精辟的阐述："立德，谓创制垂法，博施济众；立功，谓拯厄除难，功济于时；立言，谓言得其要，理足可传。"简单的三句话，三十三个字，把人生标准精确到极致。于是，"三立"有了定论，成为许多人的人生目标和理想。千百年来，中华民族的历代名君贤臣、英雄豪杰、达官贵人、平民百姓都在以不同的形式、不同的声调、不同的方法去唱响这人生"三部曲"，共同创造了炎黄子孙的道德文明史。

古圣先贤把立德摆在"太上"之位置，因为"德是才之帅，才是德之资""素质可以立国亦可以亡国，素质可以兴业亦可以废业"。随着时代的发展，在当代而言，立德就是常怀爱心，积德行善，争做一个从内涵修养到外在风范的典范。人以品为重，官以德立身，做人讲究宽厚诚实，仁义慈祥，言行举止稳重大方有涵养，从武有武德，从艺有艺德，做人有品德，经商有商德。

现代社会，人们在各行各业参与社会工作，利用专业知识、技能为社会创造物质财富、精神财富，获取合理报酬作为物质生活来源，并满足精神需求。人的生涯可以说就是职业生涯，人的一生，人的生命价值，根本而言就在于他的职业生涯方面的成就。在职业生涯的发展中，企业成为必不可少的一种载体。通过对优秀员工分析，不难发现他们都有共同的特点，那就是具有强烈的责任意识和团队精神，忠诚于企业，工作积极主动，不墨守成规，富有创造力，勇于担当工作重任，并不断追求完美，获得自己所期望的成功。

（一）坚守诚信

坚守诚信，就是坚守气节和操守，也是坚守做人的根本，是为人之道，是立身处世之本，是人与人相互信任的基础。"人无信不立"，讲信誉、守诚信是对自身的一种约束和要求，也是他人对我们的一种希望和要求，它包含着忠诚于自己和诚实地对待别人的双重内涵。因此，诚实守信不仅是社会道德，也是做人做事的职业道德。

（二）品行端正

古人云："人可一生不仕，不可一日无德""古之欲明明德于天下者，先治其国；欲治其国者，先齐其家；欲齐其家者，先修其身；欲修其身者，先正其心；欲正其心者，先诚其意；欲诚其意者，先致其知；致知在格物。物格而后知至，知至而后意诚，意诚而后心正，心正而后身修，身修而后家齐，家齐而后国治，国治而后天下平。自天子以至于庶人，壹是皆以修身为本。"说明从天子到百姓均要以提高自己的品德修养为根本，先修身而后齐家，家齐而后治国，国治而后平天下。有了好的人品作保证，做人才有底气，做事才会硬气，从商才有财气，交友才有人气，做官才有正气。

（三）宽容善良

宽容和善良互为表里，是一种美德。对人的宽容善良是对自己人性的一种升华。宽容善良不是懦弱，不是无能，而是一种气度、一种雅量。对一个人来讲，宽容善良可以换来理解，换来和睦，换来友谊，甚至能将敌变为友。对一个群体来讲，宽容善良可以凝聚人心，产生无穷的力量。

（四）仁爱孝道

仁爱孝道指做人的气节，又是一种道德观，它是中国人自古以来所崇尚的一种精神。仁爱孝道表现在对事业、对人民、对朋友、对家庭忠不忠诚，对长辈有无孝道。作为一个人，就要忠于家庭，忠于亲友；作为一名党员，就要忠于党，忠于人民；作为一名干部，就要忠于事业，忠于职守；作为一个晚辈，就应该孝敬父母及长辈。可谓"孝心对父母、诚心对朋友、忠心对祖国，公心对职守，信心留自己，仁爱载万物"。

二　为什么要忠于企业

企业离不开员工的忠诚，员工要成就自己的事业也离不开忠诚。忠诚是对任何员工道德品质的最基本的要求。受雇于企业，就会从企业获取收入，这就要求对企业忠诚，这也是员工的基本义务。忠诚是做人的准则之一，没有忠诚，就失去了立足之本。忠于企业的理由包括：

（1）因为是企业的职员，就有义务忠于企业。

（2）给予企业忠诚，员工才能得到企业忠诚的回报。

（3）企业发展得越好，员工得到的回报将会越多。

（4）个人价值需要通过工作成果来证明和体现。

（5）忠诚是员工职业声誉和个人品德最重要的表现因素。

（6）企业给了员工一个饭碗，一个发展机会，一个施展才华的舞台，员工应该心怀感恩。

（7）忠诚赋予员工工作的正能量，忠诚的人感觉工作是享受，不忠诚的人感觉工作是苦役。

（8）只有忠于企业，努力为企业工作，员工的才华才不会浪费，不会贬值，不会退化。

（9）只有忠诚的人，才能找到归属感，企业是员工工作的归宿。

（10）没有一个企业喜欢不忠诚的人，没有哪一个企业欢迎不忠诚的员工。

当然，在忠诚企业的过程中，不能愚忠，要学会灵活变通。愚昧的忠诚不仅不会给企业带来所需的利益，还会给企业和个人带来麻烦。只有既拥有个人能力又具有高度忠诚的员工，才能在企业里占据要职位，也才能在自己的事业上大展宏图。

┃延伸阅读┃

阅读材料二：福特公司的故事

福特公司是世界上大名鼎鼎的汽车公司。有一次，一台电动机坏了，福特公司所有的工程技术人员都未能修好，只好另请高明。他们请来的人叫斯坦因曼思，原来是德国的工程技术人员。斯坦因曼思流落到美国后，穷困潦倒，没有公司肯雇用他，最后一家小工厂的老板看重他的才能雇用了他。

福特公司把他请来，他在电动机旁听了听，最后在电动机的一个部位用粉笔画了一道线，写上几个字："这儿的线圈多了16圈。"果然，把这16圈线去掉，电动机立刻运转正常。

福特公司的建立者亨利·福特对斯坦因曼思非常欣赏，一定要请他到福特公司来。斯坦因曼思却说："我所在的公司对我很好，我不能见利忘义，跳槽到福特公司来。"福特公司因此更加欣赏斯坦因曼思，一方面因为其高超的技艺，另一方面更因为其对公司高度的忠诚。后来，为了得到这个忠诚与才能兼备的人才，福特公司竟不惜买下了这个工厂。

思考题

结合材料，谈谈你对忠诚企业的理解。

二　怎样忠于企业

人力资源是一个企业发展最重要、最具有创造力的资源。从员工入职开始，企业就开始对员工进行培养。在任何一家企业，如果员工希望得到赏识，获得升迁的机会，第一条法则就是忠诚于企业。

忠诚是一个人的安身立命之本，无论是对国家、企业、家庭还是朋友，一个人都需要具有忠诚之心。只有忠诚的人，才能够赢得他人的信任，受到他人的尊敬，也只有这样才能够在社会上立足。

（一）认同服务的企业

每个员工首先是一个追求自我发展和实现的个体人，然后才是一个从事工作有着职业分工的职业人。对企业的员工来说，有很多因素影响着自己对企业的感受，决定着自己对工作、对企业的忠诚度，如薪水、培训、发展机会、家庭和工作的平衡、同事关系、领导风格乃至工作环境和企业文化等。一个忠诚的员工，只有在接受企业的基础上才能忠于企业，而不是整天想着有没有别的企业会给自己更好的待遇，或者怎样在企业里耍小聪明非法获得不应有的利益等。因为要获得更大的投入感的关键在于个人与企业的价值观能够密切相连。

当员工认同企业的价值观时，他们就会对工作充满热忱，减少抱怨，认真完成工作任务。也只有认同自己的工作，员工才会觉得自己的工作不平凡，也才会投入百分之百的热情去对待它，把自己的前途、命运与企业的发展紧紧联系在一起。通俗地讲，企业发展我进步，企业兴旺我幸福；反之，企业退步我受阻，企业倒闭我失业。企业是多元化的联合体，员工来自不同地区、不同层面，年龄、阅历各有差异，从进入同一家企业的那天起，就注定个人的前途、命运要与企业的发展紧紧联系在一起。不管是初涉职场还是有了一定的工作经验，企业都给员工提供了新的天地、新的机遇，提供了广阔的发展空间，也给员工带来了物质上的满足、精神上的寄托及美好的未来。因此，每个员工多发挥主观能动性，少讲客观原因，显得非常重要。当一个人真正把自己的前途、命运融入于一个大家庭、一个单位、一个集体之中，他就会始终充满信念，充满希望，充满热爱。

国家电网公司的企业核心价值观是以客户为中心，专业专注，持续改善。在很多人眼里，国家电网公司的员工是爬电杆的、装电表的、接电话的、钻地沟的、收电费的。然而在 2020 年新冠疫情期间，大家都感受到了足不出户就可以享受的便捷电力服务，登录"网上国网"、电 e 宝、微信、支付宝等，只需要动动手指就能"一网通办"。在疫情期间，可靠供电成为防控和发展的保障，也让世人见识了国家电网的智能化水平。无论是智能电网的自动化调度水平，还是大电网安全控制能力，都为人们抗击疫情和复工复产提供了根本性的支撑。电网安全稳定运行的背后，是无数的电网人将个人价值观与企业价值观融为一体，为了共同的奋斗目标在默默地耕耘和奉献的结果。

（二）忠于组织和领导者

企业需要忠诚的员工，因为有了忠诚，员工才能尽心尽力，尽职尽责，敢于承担一切。无论一个人在组织中是以什么样的身份出现，对组织和领导者的忠诚都是市场竞争中的基本道德原则。违背忠诚原则，无论是个人还是组织都会遭受损失。忠诚是对归属感的一种确认。当一个人确定自己属于某一集体，这个集体可以是企业，也可以是社会，只要他确认自己属于这个集体，他就会意识到自己不仅属于这个团队，而且他会自觉地认为他必须为团队做出最大的贡献，才能得到这个团队的承认。所以忠诚可以确保任务的有效完成，以及对责任的勇敢担当。员工的忠诚首先应该是对事业的忠诚，对企业的忠诚，这样他就会把该做的事情做好。

一家名企业的人力资源部经理说："当我看到申请人员的简历上写着一连串的工作经历，而且是在短短的时间内，我的第一感觉就是他的工作换得太频繁了，频繁地换工作并不能代表一个人的工作经验丰富，而是更说明了一个人的适应性很差或者工作能力低。如果他能快速适应一份工作，就不会轻易离开，因为换一份工作的成本也是很大的。"

一个人在任何时候都应该信守忠诚，这不仅是个人品质问题，也关系到企业的利益。忠诚不仅有道德价值，而且还蕴含着巨大的经济价值和社会价值。一个忠诚的员工，能给他人以信赖感，让领导者乐于接纳，在赢得领导者信任的同时，更会为自己的职业生涯带来莫大的益处。相反，一个人失去了忠诚，就失去了一切——失去朋友、失去客户、失去工作，因为谁也不愿意与一个不能信赖的人共事和交往。因此，不要为自己所获得的利益沾沾自喜，仔细想想，失去远比得到的多，而且获得的东西可能最终还不属于自己。

（三）热爱本职工作

热爱本职工作是员工忠诚的基础，同时也是忠诚的应有之义。工作是连接员工与企业之间的纽带，企业不为员工提供工作，员工与企业之间就永远不会发生关系，也谈不上员工要忠于企业。

员工要忠诚于企业，就需要热爱本职工作，很难想象一个对自己的工作都不热爱的人会去热爱并忠诚企业。忠诚的基础就是热爱自己的职业，就算是挖地沟，如果想挖好，首先就得热爱挖地沟这份工作。

热爱自己的岗位，热忱的投入工作，干一行、爱一行、钻一行，以此来体现对企业的忠诚，从中会发现工作的价值。这一点，中央组织部和中央电视台联合录制的"两学一优"系列节目《榜样3》当中，第一个上台的党员先锋模范宋书声做到了。宋书声17岁参加工作，21岁加入中国共产党，在大学学到的俄语知识让他成为马恩列斯的编译者，从此一辈子再也没离开过马克思主义，编译工作一干就是55年。为了做好翻译工作，他经常挑灯夜战，并继续深造德语。当问及他是如何坚持几十年如一日干翻译工作的，他回答："我是因为组织分配与马恩列斯编译结缘的，我认为作为党员，服从分配就是一种选择。"从宋书声身上，我们看到了什么？首先，他热爱自己的工作，编译工作一干就是55年，这份热爱必是真爱；其次，他为了干好工作，白天上班，晚上学习，对待翻译工作态度严谨、精益求精，这是对翻译工作的敬畏。从宋书声身上，我们看到了爱岗敬业。

（四）忠诚于自己的团队

团队离不开成员的忠诚，团队的强大，还需要成员个体的强大，需要成员之间能够互相学习共同追求卓越，这才是对团队更大的忠诚，是更高要求的忠诚。忠诚建立信任，忠诚建立亲密关系，只有忠诚的人才能赢得周围人的信任，获得周围人的认同，并且被接纳成为他们当中的一员，只有忠诚的人才会受到他人的欢迎。

团队的力量来自同事之间的相互忠诚。一个缺乏相互忠诚的团队，即使这个团队个个都是精英，也是一盘散沙，自然也就不能成为成功的团队。唯有忠诚，才能换来事业的成功。发挥团队的优势，需要精诚合作，合作能加强凝聚力，形成向心力，提高战斗力。打造团队的忠诚，进而形成强大的团队力量，需要管理者和被管理者共同努力。团队的力量来自成员的忠诚，如果失去团队成员的忠诚，这个团队面临的考验将是非常严峻的。

一滴水想要不干涸，唯一的办法就是融入大海，一个员工，要想生存的唯一选择就是融入团队。作为团队当中的一个分子，如果不融入这个集体，总是独来独往，唯我独尊，必定会陷入自我的圈子里，难以与周围的同事融洽相处，这样的团队是没有战斗力的，也是不能为企业带来效益的。

（五）言行一致，表里如一

要做到表里如一，就要自觉执行企业的各项规章制度。领导在与不在一个样，说的和做的一个样。忠诚于企业，不是看说得怎样，重要的是看行动上是否与企业保持一致，是否为企业的发展所思所想所干，是否为企业尽心尽责。该说的一定要说，不该说的必须要三缄其口。在日常生活中，我们也许因为某些不尽人意的事发过牢骚，也许因为一时情绪低落说过违心的话、不合实际的话，但是对于企业来说，没有理由去说三道四。

背后做有利于企业发展的事，比在公开场合说忠于企业的话显得更加难能可贵。这也是衡量一名员工是否忠诚企业，是否言行一致的基本准则。切不可为了迎合领导说好话、做表面文章，更不可在背后对领导、同事和企业发展信口开河、吹毛求疵。背后有意识地说一些不利于企业发展的话，比无意识或某些场合为了迎合说，显得更加不利于团结协作、不利于企业发展。作为一名企业的员工，应该襟怀坦白，对企业或领导的决策有不同意见可以当面说出来，阐明自己的观点，或者保留起来，选择合适的场合再沟通，决不能表面去迎合，背后发牢骚，行动使绊子。

（六）坚决维护企业的利益和荣誉

员工有责任维护企业的利益和荣誉。维护企业的利益和荣誉，从细处讲就是要求员工尽职尽责，热爱本职工作，对客户负责，有强烈的责任感，能充分承担本职工作的经济责任、社会责任和道德责任，不做任何与履行职责相悖的事，不做有损于企业形象信誉的事。那些不能很好地履行工作职能，以及自由散漫、随便许诺的行为都不符合企业的工作规范。从某种程度上来说，不能维护企业利益和荣誉的员工是相当可怕的，特别是那些身居要职又居心不良的精明能干者，他们参与企业的经营决策，了解企业的商业机密，他们的某些行为甚至可能直接影响到企业的生存和发展。因此，一个企业所器重、信任的员工，往往都是那些可信赖的维护企业利益和荣誉的人。

能够维护企业利益和荣誉的员工都具有强烈的荣誉感。员工是企业的代言人，员工的形象在某种程度上代表了企业的形象。员工在任何时候都不能做有损企业形象的事情，这也是一个员工最基本的职业准则。

有荣誉感的员工，他们会顾全大局，以公司利益为重，绝不会为个人的私利而损害企业的整体利益，甚至不惜牺牲自己的利益。他们知道，只有企业强大了，自己才能有更大的发展。事实上，只要员工尽职尽责，努力地去工作，工作同样会赋予员工荣誉。在争取荣誉、创造荣誉、捍卫荣誉、保持荣誉的过程当中，个人也会不知不觉地融入集体当中，获得更好的发展。

阅读材料三：名叫"安联电工"的年轻人

　　一个年轻人应聘到"安联电工"做推销员，由于家境不好，他很珍惜这次工作机会，对公司很热爱。他每次出差住旅馆的时候，总是在自己的姓名后面加上一个括号，写上"安联电工"四个字，在平时的书信和收据上也这样写，天天如此，年年如此。"安联电工"的签名一直伴随着他，他的这种做法引起了同事们的注意，于是就送了他一个"安联电工"的绰号，而他的真名却渐渐被人们淡忘了。后来，他逐步被提升为组长、部长、副总经理，直至成了"安联电工"的总经理。

（七）发挥主观能动性

　　发挥主观能动性，积极干好本职工作，这是对员工的起码要求，也是衡量一名员工是否忠诚于企业的具体体现。工作主动性表现在着眼大局，认识到自己岗位的重要性。在完成领导交给任务的前提下，发挥自己的聪明才智，为本岗位多做些工作，多干一些有意义的事。

　　主观能动性表现在有较强的动手能力。作为管理人员要身体力行，该自己干的事不交给一线员工，该自己举手之劳的事不让员工办，做到"己所不欲，勿施于人"，为员工做好榜样。

　　主观能动性表现在不推诿扯皮、拖延应付。拖延可以把人拖老，也能把企业拖垮，今天的工作拖延就会成为明天的拖累。该自己主动办的，就应该主动办好；该自己协调的，就应该主动协调好、配合好。

　　主观能动性还表现在做事不声张、不张扬，默默无闻。干工作的目的不是让领导知道，不是让周围人知道，而是在完成企业大目标下的一个很小、很具体的内容。员工自身的工作也许很重要，但是自身的工作不是孤立的，员工所做的一切都应在企业的大局之下，离不开领导的支持和团队的协作。做一名忠诚于企业的合格员工，体现在具体行动中，体现在平凡工作中。大力弘扬"与自己较劲"的工作理念，保持昂扬奋进的精神状态，努力工作，不找任何借口，在本职工作之外，积极为企业发展献计献策，尽心尽力地做好每一件力所能及的事。

▎延伸阅读▎

阅读材料四：杰克的变化

杰克在一家国际贸易公司工作了一年，由于不满意自己的工作，他愤愤地对朋友说："我在公司的工资是最低的，老板也不把我放在眼里。如果再这样下去，总有一天我要跟他拍桌子，然后辞职不干！"

他的朋友问道："你把那家贸易公司的业务都弄清楚了吗？做国际贸易的窍门儿完全弄懂了吗？""还没有！""君子报仇十年不晚。我建议你先静下心来，认认真真地工作，把他们的一切贸易技巧、商业文书和公司组织完全搞通，甚至包括如何书写合同等具体细节都弄懂了之后，再一走了之。这样做岂不是既出了气，又有许多收获吗？"

杰克听从了朋友的建议，一改往日的散漫习惯，开始认认真真地工作起来，甚至下班之后，还常常留在办公室里研究商业文书的写法。一年之后，那位朋友偶然遇到他，问他："现在你大概都学会了，可以准备拍桌子不干了吧？""可是，我发现近半年来，老板对我刮目相看，最近更是委以重任，又升职，又加薪。说实话，不仅仅是老板，公司里的其他人都开始敬重我了！"

（四）　打造信用中国

人无信不立，业无信不兴，国无信不强。诚信之于个人、企业乃至国家的发展都至关重要。但是，在发展的历程中，由于受到利益的驱使，社会中也出现了一些失信行为，如老赖的出现，不仅引发了社会纠纷，而且破坏了商业秩序，甚至破坏了社会原有的诚信氛围。因此，要高度重视信用建设，努力打造信用中国。

诚信不是一个人的事。一个人的"诚"，是为了获得别人的"信"。而一个人的"信"，会得到别人认可的"诚"。诚信，是人与人相处建立起来的一种互信。在建立诚信社会的过程中，如果只注重内诚于心，而忽视外信于人，那么人与人之间的诚信是不可能真正建立起来的。从这一点来说，其实"信"比"诚"更重要。没有信任，诚从何来？

诚信构成了为人处世最基本的伦理道德准则和行为规范，是人安身立命、修德进业的根本。

个人要践行诚信行为。诚信是做人的基本准则，也是促进个人长远发展的必备条件。一旦个人没有遵守诚信，不仅个人声誉受到影响，也会有损社会氛围。例如个别学生考试作弊，一旦被发现，不但不能取得高分，反而会在老师和学生的心目中留下不好的印象，甚至引起其他学生效仿，最终导致整体氛围受到不良影响。因此，从个人层面而言，坚守诚信，也是为中国诚信建设贡献力量。

企业要完善信用体制。完善的信用体制是企业长远发展的重要因素。胡庆余堂之所以成为百年老店，深受消费者的信赖，正是由于在经验的过程中具备完善的信用体制，并且凭着"戒欺"的理念长远发展。可见，企业只有完善信用体制，才能在发展中做大做强。

政府要切身做好表率。从古至今，政府的发展与诚信密切相关，政府官员也都以自身的实际行动践行诚信行为，取信于民。古有商鞅立法，商鞅通过自身的举动获得了百姓的认可，也实现了国家的长治久安。可见，所有的政府官员在工作中都应该坚持诚信的信念，做好表率，才有利于打造诚信政府。只有个人、企业、政府全方位重视诚信建设，才能更好地践行诚信行为，为打造信用中国奠定夯实的基础。

┃延伸阅读┃

阅读材料五：牢记嘱托，善小而为写忠诚

"人民群众不仅要用上电，更要用好电，感到电好用。"这是常挂在全国道德模范、全国五一劳动奖章获得者刘源嘴边的一句话。作为国家电网四川电力成都连心桥共产党员服务队队长，刘源14年如一日，牢记为民服务宗旨，带领党员服务队恪守"有呼必应、有难必帮"的承诺，用贴心的服务和无私的奉献，为需要帮助的人们送去了光明和温暖，成为党联系群众的一道连心桥，被人们亲切地称为"电力110"。

1997年，刘源从部队退伍转业，成为一名普通的基层电力工作者，"脱下戎装，奉献地方"，面对新的环境，新的挑战，他一步一阶拾级而上，表现出军人的服从、为民精神。正所谓"退伍不褪色"，短短几年，刘源脱颖而出，实现了军营到职场的成功转型，并凭借优异的表现，荣获"全国模范退役军人"称号，先后三次受到习近平总书记的亲切接见，特别是在2011年8月，习近平总书记亲临高新党员服务队视察时，对时任队长的刘源及党员服务队工作给予了充分肯定，并勉励他们再接再厉，将这项工作做得更好。刘源带领党员服务队牢记习近平总书记的嘱托，善小常为，竭力在为民服务解难题中守初心、担使命，为党旗增辉。

刘源善于在工作中发现和解决问题。针对电瓶车充电难、有安全隐患的问题，刘源带队先后为61个社区安装了286个电动车充电点；利用业余时间为辖区老旧院落进行线路和楼道灯、开关改造，点亮了"黑楼道"，并发起了"照亮回家路"的公益活动；开展"心桥光明行动"，对32个老旧院落、370栋单元黑楼道进行改造，惠及5000余户居民；为实现能源互联网的便民应用，自2019年起，他率队深入社区广泛普及"智能电动车扫码充电系统"，化解充电安

全隐患。此外，刘源还带领党员服务队开展"电力服务进社区"和"包片进村"等活动，深入社区服务，设置"连心岗"，建立了90余个"心连心"服务站，建成100个供电服务示范社区，心贴心为民服务。

哪里有需要，哪里就有刘源和他所带领的党员服务队。"4.20"雅安芦山地震，刘源率队第一时间赶赴灾区，冒着被飞石砸中的危险，连续奋战50个小时，点亮了邛崃震区玉溪村的第一盏灯。"8.8"九寨沟地震后，刘源和队员们连续奋战五天五夜，完成灾民安置点62户帐篷照明和场地公共照明安装，景区20千米电缆、10台箱变分支箱故障排查。还有汶川地震、茂县特大山体滑坡、金堂洪灾、宜宾长宁地震，他们都冲锋在前。在新型冠状病毒疫情防控攻坚战中，刘源带领党员服务队坚守岗位，全力做好疫情防控重点单位的保供电。他们快速抢修，尽力缩短客户停电时间，积极运用远程服务解决客户问题，通过社区院落微信群、现场张贴等方式，大力宣传线上交费、办理业务的各种方式，避免交叉传染，努力为打赢疫情防控阻击战贡献力量。

14年来，刘源带领党员服务队，共参与急难任务500余项，抢险救灾10余次，助力1000多项民生工程项目顺利投运，用实际行动展现了"电力铁军"的卓越风采。

近年来，刘源带领党员服务队以贯彻新发展理念为己任，为倡导绿色生产方式和生活方式做出积极贡献。他和队员们参与完成130台燃煤锅炉的改造，参与建成19座电动汽车充换电站，积极推广电火锅7325家，累计减排二氧化碳348.84万吨，新华社盛赞"火锅之城"不点火。

14年来，刘源带领党员服务队坚持服务为民，持续实现了"安全零违章，服务零投诉，客户满意率百分之百"。服务队荣获了"全国五一劳动奖章""全国百佳志愿服务组织"等荣誉。如今，在刘源和队员们的影响带动下，国家电网系统内，成立了越来越多的共产党员服务队，有越来越多的人加入为人民服务的行列中，星星之火，已成燎原之势。

思考题

1. 从刘源身上，我们能看到哪些忠于企业的优秀品质？

2. 刘源的事迹材料给了我们哪些启示？

▏延伸阅读▏

阅读材料六：时代楷模张黎明

黎明，寓意着美好和光明。在国网天津市电力公司，党的十九大代表、全国优秀共产党员张黎明人如其名——他始终秉承"人民电业为人民"的宗旨，扎根电力抢修一线31年，甘当点亮万家的"蓝领工匠"，练就了电力运维抢修的绝活；他带领着黎明共产党员服务队，活跃在天津的街区里巷，被誉为"坚守初心的光明使者"。

"不忘初心，就要不畏艰难，始终保持永不懈怠的精神状态和一往无前的奋斗姿态……"这是张黎明在天津城市建设管理职业技术学院思想政治教育公开课上的一段自白。

电网抢修不分昼夜，特别是风雨雪雾等恶劣天气，更是要枕戈待旦。在张黎明心里，工作永远是第一位的。"我从未关过手机，夜里听到风雨声，就马上穿戴好，把电话握在手中，为的就是能第一时间赶到抢修现场。"翻开抢修工作单，几乎每一项电网抢修任务都有张黎明的名字。

2012年7月26日，天津地区遭遇暴雨突袭。张黎明正在病房陪伴病危的父亲，窗外的风雨声搅动着他的心。等送饭的妻子来到医院，他马上赶到抢修班，刚进门就接到故障电话，立即出发赶往现场。那一晚，张黎明和同事们在暴雨中奔波近8小时，完成报修工作81件。

张黎明服务的辖区是天津市滨海新区，作为北方第一个自贸区，落户在这里的世界500强企业达140多家，确保区域用电安全责任重大。他常对工友们说："干好本职工作就是对党最大的忠诚。"

张黎明有个爱好，顺着电力设施沿线溜达。溜达的时候，他边走边记，回去后再把一条条线路图精确地绘制下来，对供电线路的全部参数指标、安全状况、沿线环境及用户特点等情况了然于胸。加上长期的抢修实践，他能根据停电范围、天气情况、线路设备健康状况等，迅速判断出事故的基本性质和位置、故障成因和故障点。简单的事情重复做，重复的事情精心做，在长期抢修实践中，他巡线8万多千米，亲手绘制线路图1500余张，梳理分析上万个事故隐患，累计完成故障抢修两万余次，积淀出电力一线工人的工匠精神。

30余年如一日扎根抢修一线，以工匠之心坚守电力工人的初心，张黎明成为电力抢修领域的行家里手。为将自己的绝活儿毫无保留地传授给大家，张黎明总结分析了上万个故障，形成50多个案例，编成《黎明急修工作案例库》，同时将其中常用的11个抢修小经验、8大抢修技巧、9个经典案例印成《抢修百宝书》，使电力抢修更及时、更高效。

张黎明在工作中特别爱较真儿，发明了"黎明急修BOOK箱"，将抢修工具定位摆放，省去了翻找时间；优化改进抢修工作流程，将高压故障平均处理时间由3小时缩短到1小时以内。

"对待工作要讲究，不能将就！"张黎明说，践行工匠精神就要有一种传承和担当精神，既要在专业上精益求精，更要在心中有家国情怀，"我要将国家电网的社会责任落到实处，带领更多的队员在奉献社会中实现人生价值。"

思考题

1.结合材料，谈谈如何理解"干好本职工作就是对党最大的忠诚"。

2.张黎明的事迹给我们带来怎样的启示？

第四章
担当责任

📖 **本章导读：**

责任是一种使命，是一种品质，是对自己所负使命的忠诚和守信，是职业精神中从业者职业行为的底线和动力。任何时候，我们都不能放弃肩上的责任。现代企业面对激烈的竞争，不仅要求员工要有较高的知识和技能，更要有强烈的责任感与使命感。只有能担大任、敢当大任、勇担大任的人，才能在个人、企业、社会中都获得广泛认同。

通过本章学习，能使学习者建立对担当责任的正确认知，树立正确的职业理想和态度，培养自己勇于担当、敢于担当的良好职业精神与价值取向。

✍ **学习目标：**

1. 正确理解责任的内涵。

2. 认同责任的重要意义。

3. 深刻理解培养责任意识对个人成长和发展的益处。

4. 正确地理解担当责任对企业和个人的共同作用和重要意义。

我们常说，要做个有责任心的人，对自己、对家庭、对社会、对国家负责。每个人都是责任的集合体，对国家、社会和家庭都负有一份责任，对工作亦是如此。对国家负责，让祖国更加繁荣昌盛；对社会负责，让社会更加安定团结；对家庭负责，让家人生活得更加幸福快乐；对工作负责，让整个企业因员工的工作而获益良多。要成为新时代电力企业的合格员工，应该有一份责任与担当，这样就不会感到空虚和迷茫，不会因为其他事情影响自身的判断，知道什么是对的，什么是自己真正想要的，让责任常伴自己左右。

第一节　清醒认识责任

一　什么是责任

责任是一种使命，是一种品质，是对自己所负使命的忠诚和守信。一个缺乏责任感的人，或者一个不负责任的人，不仅会失去社会的基本认可，失去别人的信任与尊重，而且在工作中往往一事无成。中国有句古话："天下兴亡，匹夫有责。"责任，从本质上说，是一种与生俱来的使命，它伴随着每一个生命的始终。电力员工每时每刻都要履行自己的责任：对家庭的责任，对工作的责任，对社会的责任，对生命的责任。如果说智慧和能力像金子一样珍贵，那么还有一种东西更为可贵，那就是担当责任的精神。

世界就像一台大机器，每个人都是这台机器上的齿轮，任一齿轮的松动都会影响到其他齿轮的转动，进而影响到整台机器的正常运转。无论教授还是农民，领导还是员工，只有做好自己的本职工作才算得上称职，否则就是"一颗松动的齿轮"。如果每个人都能努力做好自己的本职工作，那么全社会各行各业都会是一派欣欣向荣的景象。因此，告诫员工"要么奉献，要么走人"的领导才会那么在意每一位员工是否能够"在其位，谋其职"。

无论在什么岗位上，从事什么工作，都要全心全意、认真负责、兢兢业业，只有这样，才能在激烈的竞争中成为佼佼者。一位华尔街成功女士，生于一个音乐世家，她自幼非常喜欢音乐，却阴差阳错地考进了大学的工商管理系，大学毕业后又被保送到了美国麻省理工学院，并获得了经济管理专业的博士学位。如今已是美国证券业界风云人物的她，依然心存遗憾地说："老实说，迄今为止，我仍不喜欢自己所从事的工作。如果能够让我重新选择，我会毫不犹豫地选择音乐。但我知道那只是一个美好的'假如'了，我只能把手头的工作做好。"可是当被问到"你不喜欢你的专业，为何你学得那么棒？不喜欢眼下的工作，为何你又做得那么优秀？"时，她说："因为我在那个位置上，那里有我应尽的责任，我必须认真对待。"她的眼中闪着坚定的目光，"不管喜欢不喜欢，那都是我自己必须面对的，都必须尽心尽力，因为这是对工作负责，对自己负责。"

二　责任是一种荣誉

人可以不伟大，可以不富有，但不可以没有责任心。坚守一份责任，就是坚守着生命的追求与信念，就是享受着工作的乐趣和生活的幸福。责任产生使命，责任创造卓越。当负责成为一种自然而然的习惯时，它将成为人生中一笔意想不到的财富。敢于承担责任的人将被赋予更大的责任和使命，因为只有这样的人才真正值得信任，才能真正担当起时代发展赋予的责任。在当今社会中，每个人一生中可以碰到很多种承担责任的机会，一个具有出色担当能力，拥有良好的担当态度、敢于担当的信心和勇气的人，会使自己不断进步，得以提高，从而更好地为自己的未来负责。做官，就要造福一方百姓，用手中权力为老百姓做一些实事，做一个好官、清官。不论在什么时候都不能忘记自己肩负的使命，这就是做人需要的责任和担当。对于那些背弃自己信念、失去责任和担当意识的人，最终的结局就是被历史所遗弃，被人民所唾弃，只能成为人们茶余饭后津津乐道的谈资，在历史的舞台上遗臭万年。

没有责任感的员工不是优秀的员工，所以要将责任感根植于内心，让它成为心中一种强烈的意识，并时常提醒自己，选择工作的同时也就选择了责任。当一个人以虔诚的心态去对待工作时，便能够感受到责任所带来的力量。面对自己的职业、你的岗位，应时刻记住，这不仅是工作，也是责任。对工作负责，才能找到归属感。

让责任感成为习惯，注意工作中的细节有助于责任感的养成。书店营业员经常擦拭书架上的灰尘，公交公司的司机让自己的车天天保持整洁，销售人员每天回访部分客户，车间的工人定期维护、检修生产设备，这些做法渐渐地就会成为习惯。当责任感成为一种习惯和生活态度时，就会自然而然地担负起责任，而不是刻意地去做。当一个人自然而然地做一件事情时，不会觉得麻烦，更不会觉得劳累。

一个有责任感的员工，不仅仅要完成自己分内的工作，而且要时时刻刻为企业着想。企业也会为因为拥有如此关注企业发展的员工而感到骄傲，也只有这样的员工才能得到企业的信任。事实上，只有那些能够勇于承担责任并具有强烈责任感、使命感、荣誉感的人，才有可能被赋予更多的使命，才有资格获得更大的荣誉。

有两则小故事可以说明这一点。从前，有一个小和尚，他每天的工作就是撞钟。日子久了，小和尚便觉得毫无趣味，但他仍然尽职尽责地每天按时撞钟。但是有一天，老方丈突然宣布调他到后院劈柴挑水，原因是他不能胜任撞钟一职。小和尚十分委屈地说："我撞的钟难道不准时、不响亮吗？"老方丈笑了笑说："你撞的钟虽然很准时，也很响亮，但钟声空泛、疲软、没有感召力。我们之所以要日日撞钟，是想用钟声唤醒迷途的众生。因此撞出的钟声不仅要洪亮，而且要圆润、浑厚、深沉、悠远。"小和尚这才羞愧地低下了头。

有一位顾客在意大利某名牌鞋店买鞋。最合脚的尺码卖完了，所以他选了一双小一号的鞋子。虽然鞋子有一点紧，但他想到鞋穿一穿就会松的，还是决定买下这双鞋，可售货员却拒绝卖给他，理由是他认为顾客试穿时表情不对，还说："我不能将顾客买了会后悔的鞋子卖出去。"这位顾客顿时对这位售货员的敬业精神钦佩不已。

从这两则小故事中可以看出，售货员除了要把鞋卖出去，还要让顾客真正满意。同样，小和尚不仅要撞钟，还要让钟声能够启发世人。显然，售货员对工作十分认真负责，而小和尚只不过是在完成任务而已。

三 责任是工作的基础

每一名对企业有责任感的人，都会把企业当成自己的家，尽最大的努力完成自己的每一项工作，小心地使用设备和服务设施，高效率地利用好时间。这样，不论是开动一台机器，还是进行一次车间服务，或者是在办公室打一封信件，他都会最大限度地节约成本。在这方面，吴少阶、苏天荣作为新时代电力企业员工的楷模，是我们学习的榜样。

吴少阶、苏天荣是大唐集团下属的株洲华银火力发电有限公司灰渣班的班长和副班长，这两个人通过细心观察和创新，运用小小的一次性塑料杯给企业创造了相当于一辆豪华本田轿车的效益。

原来，在处理灰渣的过程中，要消耗很大的电量，这两位班长就琢磨着怎么使能耗降下来。经过理论分析，只要将灰水比提高到最经济值，提高灰水浓度，降低冲灰水量，缩短灰渣泵的运行时间，8台灰渣泵的耗电量就能降下来。

依赖肉眼直观观测冲灰器中灰水浓度的方法极不准确，用标有刻度的玻璃杯取灰水时又极易破碎，吴少阶和苏天荣便使用一次性塑料杯作为测量工具。每天早晨，当三台机组运行时，吴少阶、苏天荣两位班长将工作布置下去后，就拿着塑料杯和对讲机，开始分头蹲守125、310兆瓦机组现场试验。他们先用塑料杯从一个冲灰器中取一满杯灰水，放平沉淀，约两分钟左右，即能测出杯底的灰与杯中水的比例。水质清，灰水浓度低，则就地关小冲灰水手动调节阀；反之，浓度大，则适当开大调节阀。根据不同的机组负荷，取水、沉淀、调节，并记录下冲灰水量等相关参数。周而复始，每天每个冲灰器大约要试验3~4次。一台310兆瓦机组有16个冲灰器，一台125兆瓦机组有12个冲灰器，两位班长每天奔波在几十个冲灰器之间，至少取水试验上百次。经过成百上千次的试验，他们发现冲灰的水量减少了，灰渣泵前池的水位降低了，灰渣泵的停止时间延长了，则耗电量肯定会降低。最终他们确定了维持灰水比、冲灰水量等最经济的运行参数和方案。该方案立即在各灰渣班运行人员中严格实行，一次性塑料杯也广为流传，成了灰渣班员工们手中的宝贝。

经过一个多月的精细调整，灰渣班大幅下降的耗损令人刮目相看，杜绝了打清水的现象，灰水比保持在一定比例，冲灰水量单机平均每小时节水 70 吨，四台机组同时运行，平均每天可节电 23000 千瓦时，按当时 0.32 元 / 千瓦时的上网电价计算，一个月（30 天）可以节能创效 22 万元左右，正是一辆豪华本田轿车的价格。

对于企业来说，节约的成本都是利润。控制好成本，把本来需要支出的部分节省下来，实际上就等于赚到了利润，这同时也成为一个新兴的利润点。当然，为企业节约成本只靠一个人的力量是不够的，只有每个人都视节约为己任，才能为企业赢得利润。

从事非凡意义的工作，能带来真正的满足感。而从事一份伟大工作的唯一方法，就是去热爱这份工作。这不仅提醒人们工作在人生命中的重要意义，更说明工作的伟大，很多时候来自对工作的热爱。不可否认，现实生活中，很多人可能很不喜欢自己的工作，从工作中得不到丝毫乐趣，也毫无创造性可言，但必须学会爱上自己的工作，以自己的工作为快乐，否则，很难取得事业的成功。

在初入社会的时候，不要太顾及老板给的薪水是多少，要想一想自己可以从中获得各种可能的好处，如技巧的提高、经验的积累及整个生命的充实等。工作是一个自我发展的机会，可以在工作中培养多方面的能力，如行政能力、决策能力、社交能力等，而所有这一切都远远超过了得到的薪水的价值。一个人如果只为薪水而工作，没有更远大的目标，工作起来也就没有了主动参与的积极性，他将会成为一个不幸的人，受害最深的不是别人，而是他自己。虽然工资应该成为工作目的之一，但是从工作中可以获得更多比工资更重要的东西。当从事一种职业时，应该认识到这是自己的职业，是在为自己工作，并可以获得深入了解职业的详情及接触其中人物的机会，还能获得与自己前途有很大关系的知识。

美国石油大王约翰·洛克菲勒曾说过："除了工作，没有哪项活动能提供如此高度的充实自我、表达自我的机会，也没有哪项活动能提供如此强的个人使命感和一种活着的理由。工作的质量往往决定生活的质量。"从这个意义上来说，工作就是充实自我、表达自我、成就自我，是要用生命去做的事情。

在各种各样的工作中，当发现那些需要做的事情，哪怕并不是分内之事时，意味着发现了超越他人的机会。因为在自动自发地工作的背后，需要付出的是比别人多得多的智慧、热情、责任、想象力和创造力。

┃ 延伸阅读 ┃

阅读材料一：要账的故事

某公司有一位大客户，半年前购买了 10 万元的产品，但总以各种理由迟迟不肯交付账款，公司前后派出甲、乙、丙三位业务员去要账。

甲去到公司，客户说产品的销售一般，让甲等一段时间再来。甲心想又不是我的钱，我来过尽到义务就行了，于是便返回了公司。账没要回来，公司又派出乙。

乙找到那位客户，客户说这段时间资金周转困难，承诺资金到位一定还。于是乙也无功而返。没办法，公司只得派出丙再去要账。

丙刚跟客户见面，就被客户大骂一顿。不过丙并没有被吓倒，见招拆招，反复与客户周旋。客户见磨不过丙，最好只好同意给钱，并承诺开给丙一张 10 万元的现金支票。

丙很开心地拿着支票到银行取钱，结果却被告知账上只有99920 元，很明显，对方又要了一个花招，给了一张空头支票。

遇到这种情况，一般可能只好退回支票，但丙却觉得要让问题得到解决，因为这是他的工作。于是他灵机一动，自己拿出 100 元，存到客户公司的账户里。这样一来，账户里就有了 10 万元，他立即将支票兑了现，拿着收回的 99920 元回公司复命了。

结合材料，想想应该如何理解责任？怎样才能担起责任？

第二节 勇于承担责任

一 什么是担当

责任，说到底就是一种勇于负责的精神，一种自律的品格，一种认真的态度，一种天赋的使命，一种至高的信仰，一种昂扬的荣誉感，一种力量的源泉，一种不息的信念，一种道德的承载，一种赤子的忠诚，一种深沉的执着，一种纯粹的坚守，一种完美的追求。

为什么从事相同的工作，有的人做出了成绩，而有的人却仍在原地踏步呢？这是因为有些人没有认识到工作中应该勇于承担责任。丘吉尔有一句名言："伟大的代价就是责任。"很多人在拥有杰出成就的同时，也担负着常人无法想象的责任。不论是在家庭、工作还是学习中，每个人都承担着角色赋予自己的责任。一旦选择了一份工作，就等于选择了一份责任，责任是必须勇于承担的。

在工作中，经常会听到这样或那样的借口，这些借口听起来好像是合情合理的解释，例如：上班迟到时，会有起得晚了、路上堵车了、手表停了、今天家里事太多等借口；业务拓展不开、工作无业绩时，会有制度太死、行业萧条、"还有做得比我更差的呢"或者"我已经尽力了"等借口。可以说，寻找借口是世界上最容易办到的事情之一，只要心存逃避的想法，就总能找出足够多的借口。因为把事情太困难、太复杂、太花时间等借口合理化，要比相信"只要我们更努力、更聪明、信心更强，就能完成任何事情"容易得多。

"岗位在哪里，责任就在哪里。"这句话看似简单，在企业实际运行过程中做起来却很难，要想让每一个员工从灵魂深处形成"岗位在哪里，责任就在哪里"的价值观，履行好自己的岗位责任，更是难上加难。岗位意味着职责，在这个世界上，没有不需完成任务的工作，也没有不需要承担责任的岗位，工作的底线就是尽职尽责。坚守岗位，完成任务，这就是岗位责任。岗位连着责任，责任系着岗位，二者不可分离。新时代电力企业员工只有心中时刻装着岗位，装着工作，清醒地认识到责任的重要性和必要性，才能不负重托，不辱使命。

二　担当是不找借口

工作中，每当遇到自己不愿干的事情，总是千方百计为自己寻找理由，替自己将它推脱掉；每当遇到一项新的挑战，总是自我安慰说："我干不了这件事情。"而绝不会去想这是我的责任。然后就闭上眼睛开始设想自己有可能遇到的苦难与麻烦。于是，越想越没把握，越想越觉得自己真的干不好这件事，到最后干脆主动放弃这件事情。许多员工就是这样在为自己寻找种种理由时，主动放弃了机会，结果也只能是碌碌无为。

人的习惯是在不知不觉中养成的，习惯的形成是一个漫长的过程，因其形成不易，所以一旦某种习惯形成了，就具有较强的惯性，很难改变。比如说寻找借口，如果在工作中以某种借口为自己的过错和应负的责任开脱，第一次可能会沉浸在暂时的舒适之中而不自知，这很可能会形成一种寻找借口的习惯，因为在潜意识里已经接受了寻找借口的行为。这是一种十分可怕的心理习惯，它会让一个人变得消极而最终一事无成。

"智者千虑，必有一失。"一个人再聪明、再能干，也总有失败犯错误的时候。人犯了错误往往有两种态度：一种是拒不认错，找借口辩解推脱；另一种是坦诚地承认错误，勇于改正，并找到解决的途径。另外，承担责任的动力应该是发自内心的责任感，而不是为了获得奖励。

借口只是掩饰弱点、敷衍工作、推卸责任的挡箭牌。很多人就是把宝贵的时间和精力放在了寻找借口上，而忘记了自己的目标和责任，从而失去了很多成功的机会。

如果在乎自己的前途，就必须改掉找借口的毛病。当犯错时，不要想尽办法去找别的原因，应该勇敢地说："这是我的错。"当不明白一件事时，也不要找借口说为什么会不明白，应该直接说："我不知道。"只有这样，时间才不会因为找借口而被白白浪费掉。无论做什么事情，都要记住自己的责任，无论在什么工作岗位，都要对自己的工作负责，工作就是不找任何借口地去执行。

┃延伸阅读┃

阅读材料二：借口病

某名牌大学毕业的张然，学的是新闻专业，形象也很不错，被北京一家很知名的报社录用了。但是，他有一个毛病，就是做事情不认真，遇到困难总是找借口。刚开始上班时，同事们对他的印象还很不错，但是没过多久，他的毛病就暴露出来了，上班经常迟到，和同事一同出去采访时也经常丢三落四。对此，办公室领导找他谈了好几次，但张然总是以这样或那样的借口来搪塞。

有一天，报社特别忙，突然有位热心读者打电话过来说在一个地方有特大新闻发生，请报社派记者前去采访，但是报社别的记者都出去了，只有张然在，没办法，办公室领导只有派他独自前往采访。没多久，他就回来了，领导问他采访的情况怎么样，他却说："路上太堵了，等我赶到时事情都快结束了，并且已经有别的新闻单位在采访了，我看也没什么重要新闻价值，所以就回来了。"领导生气地说："北京的交通是很堵，但是你不知道想别的办法吗？那为什么别的记者能赶到呢？"

张然急得红着脸争辩道："路上交通真的是很堵嘛，再说我对那里又不是特别熟悉，身上还背着这么多的采访器材……"

领导心里更有气了，于是说道："既然这样，那你另谋高就好了，我不想看到员工不但不能提供结果，反过来还有满嘴的借口和理由，我们需要的是接到任务后，不管任务有多么艰巨，都能够想方设法完成，并且能提供结果的人。"就这样，张然失去了令许多人羡慕不已的好工作。

在工作中，像张然这样遇到问题不是想办法解决，而是四处找借口来推脱的人并不少见，但是他们这样做所带来的后果就是不仅损害了公司的利益，也阻碍了自己的发展。虽然借口让我们暂时逃避了困难和责任，获得了些许心理的慰藉。但是，借口的代价却无比高昂，它给我们带来的危害一点也不比其他任何恶习少。

三 岗位在哪里，责任在哪里

对一名新时代电力员工来说，责任就是将自己的工作出色地完成，责任就是忘我的坚守，责任就是人性的升华。只有坚持"岗位在哪里，责任就在哪里"这一重要原则，以承担自己的岗位责任为职场准则，才能化被动为主动，更好地把握自己的命运，拓展自己的职场前途。责任往往同奉献乃至牺牲联系在一起，与顾全大局、忍辱负重、任劳任怨等优良品德联系在一起。负责任是最根本的人生态度，也是对生活的积极接受，更是对自己所负使命的忠诚和信守。负责任是一种习惯性的行为，也是一种很重要的素质，是做一个优秀员工所必需的品质。

选择了工作，就是选择了责任。正是因为有了这份责任，才能以满腔的激情投入其中；正是因为有了这份责任，才能有勇气和信心面对工作中的困难和挫折；正是因为有了这份责任，才能以苦为乐，每天都有新的感动。

责任就像杜鲁门总统的座右铭那样："责任到此，不能再推！"有责任感的员工不会推脱他们所应负的责任，并且会主动要求承担更多的责任或自动承担责任。那些能够做出不同寻常的成绩的人们，是因为他们对自己负责。没有责任感的员工不是优秀的员工，没有责任感不能称为工匠。

中国有句成语："种瓜得瓜，种豆得豆。"付出了多少，就能收获多少；对工作不负责任，工作也不会给予丰盈的回报。在企业里，越来越需要那些敢作敢为、敢于承担责任的优秀员工，因为工作就意味着对自己所做的一切负责。责任不是压弯人脊梁的重担，更不是阻碍人前行的负累，而是一个人成长的开始。承担责任会让我们得到锻炼，积累经验，懂得如何应对人生道路上的种种考验，使我们变得更加坚强。

一个主管过磅称重的员工，由于怀疑计量工具的准确性，就自己动手进行修正，大大提高了精确度，给企业减少了许多损失。其实修理计量工具并不是这个员工的职责，他完全可以睁只眼闭只眼，因为这本属于机械师的责任，而且无论这个秤准不准都不会对他的工资造成影响。但是这个员工并没有因此不闻不管，听之任之，本着对企业负责的态度，他积极地纠正了这一错误。正是由于这个员工的责任心，为企业节省了巨大的费用。

责任感是人走向社会的关键品质，是一个人在社会上立足的重要资本。一个企业总是希望把每一份工作都交给责任心强的人，谁也不会把重要的职位交给一个没有责任心的人。

▎延伸阅读▎

阅读材料三：有责任心的工匠是这样炼成的

甲、乙、丙3个人同时应聘一家电力设计公司，经过多轮淘汰，这3个人从众多的求职者中脱颖而出。人力资源部经理接见了他们，他说："恭喜你们，请随我来。"于是，他们跟随经理来到工地。

工地上乱七八糟地摆放着三堆散落的红砖。人力资源部经理指着这些砖头对他们说："你们每人负责一堆，将红砖整齐地码成一个方垛。"然后他在 3 个人疑惑的目光中离开了工地。甲对乙说："我们不是已经被录用了吗？为什么将我们带到这里？"乙对丙说："我又不是来做工人的，经理是什么意思啊？"丙说："不要问为什么了，既然让我们做，我们就做吧。"然后带头干起来。甲和乙看到丙已经开始干起来，只好硬着头皮跟着干起来。还没完成一半，甲和乙就坚持不住了，甲说："经理已经离开了，我们歇会儿吧。"乙跟着停下来，丙却丝毫不为所动，仍然保持着同样的节奏。

当那位布置了看似完全不合理的任务经理回来时，丙只剩下十几块砖没有码齐，甲和乙却只完成了 1/3 的工作量。经理对他们说："下班时间到了，下午再接着干。"甲和乙如释重负地扔掉了手中的砖，丙却坚持将最后的十几块砖码齐。

回到公司后，人力资源部经理郑重地宣布："本公司这次招聘只聘用一位设计师，取得这一职位的是丙。相对于学历、能力、阅历、背景等，我们最看重的是一个人的责任心。"

思考题

结合材料，谈谈你对岗位和责任的理解。

第三节　责任缔造完美

一　责任是优质高效的基石

当一个人以虔诚的态度去对待生活和工作时，他能够感受到，承担、履行责任是天赋的职责和使命。正是责任，让人们在困难时能够坚持，在成功时保持冷静，在绝望时懂得不放弃，因为努力和坚持不仅仅为了别人，更是为了自己。职业精神的内化离不开责任，工匠精神的培养更离不开责任。传统的工匠精神要求精益求精，但当今时代提倡的工匠精神是更广义的概念，是对社会文化的责任心。不管哪一行，都要精益求精，这是对工作的负责。只有专心致志，才能匠心独具；只有认真负责，才能精益求精。

责任心是做好工作、成就事业的前提条件，是电力企业员工必须具备的基本素养。一个人要干好自己的本职工作，就要有高度的责任心，就要以生生不息的精神、火焰般的热情去做好每一天的工作。

将责任进行到底，在落实工作时要对结果负责，而不是仅仅完成任务就可以交差了，可实际上经常把完成任务等同于对工作负责。在工作中，经常会有人说："我已经按要求去做了。""我已经照你说的做了。"或者，"我已经尽最大的努力了。"但是扪心自问："我真正尽到责任了吗？"也许有人会问："完成任务不就是落实责任了吗？"其实，完成任务绝不等于落实了责任。

有一则令人深受启发的故事：一位老木匠退休之前，老板请求他再建一座房子，他答应了。但是他在工作的时候已经没了耐心，于是草草盖完了房子便向老板交差了事。可是老板却很诚恳地把这座房子的钥匙交给了他，对他说："这是你的房子，是我送给你的退休礼物。"面对着眼前粗制滥造的房子，老木匠悔恨不已。他没想到自己盖了一辈子的房子，最不称心的一座房子竟然留给了自己。故事中的这位木匠盖出了粗糙的房子，并不是因为他技艺不行，而是因为他没有时时刻刻承担起工作中的责任。事实上，我们工作的时候也是在建设自己的人生大厦，倘若在工作中没有承担起应该承担的责任，那么最后收获的也将是"粗糙不堪的房子"。

⬛ 责任是发挥工作能效的推进剂

责任和薪水，哪一个能更有效地推进工作呢？

工作固然是为了生计，但是比生计更可贵的，就是在工作中充分培养自己的能力，发挥自己的才智，做正直而纯正的事情。如果一个人只为薪水而工作，那么这个人是不可能看到工作本身带来的财富，也不可能意识到从工作中获得的技能和经验对他有怎样的影响。一味将自己困在装有薪水的数字里，根本不清楚自己真正需要什么。这种为了薪水而工作的行为是不明智的，它使人被短期利益蒙蔽了心智，看不清未来的发展道路，更无法找到人生真正的成就感。

其实，薪水仅仅是工作的报酬方式的一种。工作为了薪水，只是人们最低层次的需要，而每个人都有自我价值实现的渴望和要求。对于职场中人来说，工作是他们实现自我价值的一个很好的途径。为薪水而工作是最没有长远目光的，不是一种明智的人生选择。没有长期的打算，结果受害最深的往往是自己。因而，工作不是仅仅为了薪水，职场中人应该弄清这个道理。

不可否认，现实生活中，很多企业很多人，都把做产品仅仅当成了赚钱的工具，所以焦躁、忧郁、惶恐，外表强悍，内心空虚。与之相反，具有高度职业精神的职业人，他们干一行，像一行，爱一行，所以宁静、坚定、踏实、专注，内心强大。一个人对工作的态度，是人生态度的折射，是个人品质在工作中的映射。只有将对企业的忠诚、人生的理想和内心的信仰与产品结合在一起，才可能成为具有职业精神的职业化员工。所以说，职业精神并不冰冷，它也是有温度的、人文的、理想主义的、具有浪漫情怀的一种精神。

一个人的能力有大小，见识有高低，但责任心却是平等的。有责任心才会严格要求自己，要用高投入磨炼自己，用高标准反省自己，追求工作的精确性和完美性。一位曾多次受到电力公司嘉奖的员工说："我因为责任感而多次受到公司的表扬和奖励，其实我觉得自己真的没做什么，我很感谢公司对我的鼓励，其实担当责任或者愿意负责并不是一件困难的事。如果你把它当作一种生活态度的话，你就更加不会轻易地推卸责任。"

延伸阅读

阅读材料四：一万元是多还是少？

有一次，一位年轻有为的日本报社记者去采访著名的企业家松下幸之助。为了这次来之不易的采访机会，这位记者事前做了充足的准备工作。因此，他与松下幸之助谈得很愉快、很投机。采访结束后，松下幸之助亲切地问记者："年轻人，你现在每个月的薪水是多少？""薪水很少，一个月才一万日元。"记者不好意思地回答。

"很好！虽然你现在薪水只有一万日元，其实，你知道吗，你的薪水远远不止一万日元。"松下幸之助微笑着对记者说。

这位记者听后，心里感到有些奇怪：不对呀，明明我每个月的薪水只有一万日元，可松下幸之助为什么会说不止一万日元呢？

看到记者一脸的疑惑，松下幸之助接着道："年轻人，你要知道，你今天能争取到采访我的机会，明天也就同样能争取到采访其他名人的机会，这就证明你在采访方面有一定的潜力。如果你能多多积累这方面的才能与经验，这就像你在银行存钱一样，钱存进了银行是会生利息的，而你的才能也会在社会的银行里生利息，将来能连本带利地还给你。"

阅读材料五：相同的起点

某大学学府有两个特别优秀的毕业生，他们天资聪慧，才能出众，有着相近的兴趣和爱好。对他们而言，寻找有发展潜力的工作是件非常容易的事。毕业时，两个人的导师的朋友正在创办一家电线公司，并委托导师为他物色一个合适的人选。因此，导师建议他这两个学生前去试一试。

学生王某先去应聘。应聘回来后，王某打电话对导师说："您的朋友只给1000元的月薪，真是太吝啬了，我才不去他那儿工作呢！

我现在已经在另一家月薪 2000 元的电脑公司开始上班了。"

学生李某是后去应聘的，虽然同样是 1000 元的月薪，尽管李某也同样有能力找到赚更多钱的工作，可是，他却欣然接受了这份工作。当导师得知他的决定时，导师问他："工资这么低，你不觉得太吃亏了吗？"

李某是这样回答导师的："当然了，我也想像别人一样赚更多的钱，但您的朋友给我的印象非常深刻，我感觉在他那里肯定能学到一些本领，虽然薪水低点，但也是值得的。我觉得，我在那里工作肯定能更有前途。"

几年的时光眨眼间就过去了。王某的月薪由当初 2000 元涨到了 4000 元，可李某的月薪却由当初的 1000 元涨到了 10000 元，外加年底分红。几年的时间，两人的差别是如此之大。原因何在呢？非常明显的是，当初，王某是被高薪蒙蔽了眼睛，而李某对工作的选择却是从多学习东西的角度出发。

身边的同事对李某说："老板给你的薪水也不高，你为什么要这么卖命啊？"

李某笑道："我这样是为我自己工作，我很快乐。"

几个月后，李某晋升为副总经理，薪水翻了几倍，尤为重要的是这几个月的改革，让企业的利润增加了几千万美元的收入。

思考题

结合材料四和材料五，谈谈在成长的过程中，应该怎样处理薪水与责任的关系。

🔘 二　用责任点燃工作的热情

在很多成长教育中，有关于承担责任而不推卸责任的训练。都说习惯成自然，当责任成为一种习惯时，也就慢慢成了一个人的生活态度，自然而然地就会去做，而不是刻意去做。当意识到责任在召唤的时候，就会随时为责任而放弃别的东西，而且不会觉得这样放弃很不容易。责任到来时，不能推卸，因为它能让人战胜胆怯，让所做的事情更富价值和意义。而且，一个人的责任感可以让别人也懂得什么是责任。一个人承担起责任，并时时保持一种高度的责任感，会让其他的人受到感染，树立起自己的责任感。真正具有责任感的人，会自觉消除分内分外的界限。一个有责任感的人，可以从以下五个方面来体现工作主动性：

（1）承担自己工作以外的责任。

（2）为同事和集体做更多的努力。

（3）能够坚持自己的想法或项目，并很好地完成它。

（4）愿意承担一些个人风险来接受新任务。

（5）一直站在企业核心职业精神上（企业的核心职业精神是指企业为获得收益和取得市场、成功所必须做的直接的重要的职业行为）。

以上五个方面，表明一位优秀的工作者必定要承担更多的责任。承担更多的责任，就意味着承担起分外的责任，面临着更多的风险，这是负责任的延伸和升华。其实，真正具有责任感的人，从不以个人得失为工作的出发点，他们乐意为同事提供帮助，乐意接受新任务，因为他们信奉的宗旨是"对同事负责就是对自己负责，对公司负责就是对自己负责"，他们心中根本不存在分内分外的界限，只要是对公司有益的事，他们认为就负有不可推卸的责任，应该积极主动地去做，而且他们也比那些坚持只对分内的事负责的人更容易获得领导的赏识。

一座小村庄里有一位中年邮差，他从刚满20岁起便开始每天往返50千米的路程，日复一日将悲欢忧喜的故事送到居民的家中。就这样20年一晃而过，物是人非，几番变迁，唯独那条从邮局到村庄的道路，从过去到现在，依然如故，始终，没有一枝半叶，触目所及，唯有飞扬的尘土。

"这样荒凉的路还要走多久呢？"他一想到必须在这无花无树充满尘土的路上，踩着脚踏车度过他的人生时，心中总是有些遗憾。

有一天当他送完信，心事重重准备回去时，刚好经过一家花店。他走进花店，买了一把野花的种子，并且从第二天开始，带着这些种子撒在往来的路上。就这样，经过一天、两天、一个月、两个月……他始终持续播撒野花的种子。

没多久，那条已经来回走了 20 年的荒凉道路，竟开起了许多红、黄各色的小花；夏天开夏天的花，秋天开秋天的花，四季盛开，永不停歇。

种子和花香对村里的人来说，比邮差一辈子送达的任何一封邮件，更令他们开心。在充满花瓣的道路上吹着口哨、踩着脚踏车的邮差，从此不再是孤独的邮差，也不再是愁苦的邮差，他的每天都是快乐的。

从这个故事中可以看出，当用享受的心态去投入工作的时候，工作就不是一种累赘，而是一种难得的享受。所以，想要获得工作的乐趣，就必须转变对工作的态度，换一个角度来看待自己的工作。

其实，每一份工作都蕴含着无穷的乐趣，只要热爱它，并全心全意地去做，就能够找到乐趣。当在工作中尽量去寻找乐趣，带着一种乐观的态度去投入工作的话，那种乏味、窒息的工作氛围和自己的精神状态会大为改观。这不仅会大大提高工作效率，而且乐观的态度还会影响周围的人，同时可以提升自己的工作表现，以及在同事与领导心目中的美好形象，非常有利于事业的进步。

┃延伸阅读┃

阅读材料六：打破玻璃的男孩

1920 年的一天，美国一位 12 岁的小男孩，正与他的伙伴们玩足球。一不小心，小男孩将足球踢到了邻近一户人家的窗户上，一块玻璃被击碎了。

一位老人立即从屋里跑出来，大声责问是谁干的。伙伴们纷纷逃跑了，小男孩却走到老人跟前，低着头向老人认错，并请求老人宽恕。然而，老人却十分固执，小男孩委屈地哭了。最后，老人同意小男孩回家拿钱赔偿。

回到家，闯了祸的小男孩怯生生地将事情的经过告诉了父亲。父亲并没有因为他年龄还小而开恩，而是板着脸一言不发，坐在一旁的母亲为儿子说情。可父亲只是冷冷地说道："家里虽然有钱，但祸是他闯的，应该由他自己负责。"

最后，父亲还是掏出了钱，严肃地对小男孩说："这 15 美元我暂时借给你赔偿人家，不过，你必须想办法还给我。"小男孩从父亲手中接过钱，飞快地跑出去赔给了老人。

从此，小男孩一边刻苦读书，一边用空闲时间打工挣钱还给父亲。由于他年纪小，不能干重活，就到餐馆帮别人洗盘子、刷碗，有时还捡破烂。经过几个月的努力，他终于挣到了 15 美元，并自豪地还给了他的父亲。

许多年以后，当年的小男孩成为美国总统，他就是里根。回忆往事时，他深有感触地说："那一次闯祸之后，我懂得了勇于承担责任的意义，我必须对自己所做的一切负责。"从此，成就了里根作为美国名列前茅总统的完美人生。

人可以不伟大，但不可以没有责任心。责任心是成功者必须具备的一项素质，一个人取得成就的大小与承担责任的多少是成正比的，责任心越强的人，越能得到他人的尊重和支持。

责任缔造完美。在这个世界上，没有不需要承担责任的工作。工作就意味着责任，丢掉责任，也就意味着丢掉了工作。每一个员工都应把工作看成自己的使命，没有责任意识或不能承担责任的员工，不可能成为优秀的员工。因为责任是一个人的立身之本，更是落实工作最基本的保证。

▐ 延伸阅读 ▐

阅读材料七：电力守护者吕清森

吕清森是国家电网吉林省桦甸市供电分公司送电站一名普通的巡线工，坚持在深山老林中巡护32年。每月徒步巡线超过200千米，累计行程8万千米，相当于徒步地球两周。"这32年我只知道领导交给我的任务要完成好，那长长的66千伏红白线就是我的孩子。"在电力工人吕清森先进事迹报告会上，吕清森所说的每一句话朴实无华的话语，感动了在场的每一个人。

"守护好红白线是我毕生的追求，每次走不动时我都告诉自己坚持、坚持、再坚持。"在报告会上，这位荣获全国五一劳动奖章、中央企业先进职工标兵、吉林省优秀共产党员标兵、国家电网公司特等劳动模范等多项荣誉的吕清森，朴素的话语打动着现场400余名省属企业干部职工的心。

只要一进山，进入"作战"状态。红白线（红石至白山）是吉林地区海拔最高、环境最差、巡护难度最大的一条66千伏输电线路，平均海拔高度在500米以上，几乎是一个山头一座供电铁塔，最高的一座塔位于海拔1100米高的山上，而吕清森巡线32年安全无事故。

一架望远镜、一个扳子、一把钳子、一个装有食物和水的黄背包，就是吕清森在群山密林中巡视47千米长的输电线路的全部装备。

"不管是生病还是最累的时候，只要我一进山就进入了作战状态。"吕清森说，他在大山里巡线就像上战场一样，遇到难处就会鼓励自己冲、冲、冲。他相信父亲一定能看见。吕清森说，"我从1979年开始在这里工作，巡视这条线路是我从父亲吕明俊手上接过的任务。"1986年，当年的桦白线更名为红白线。父亲对他说："红白线的木头杆我看了，现在你看的是水泥杆了，一定要看好，要守护好。"1992年4月17日，吕清森看到父亲的病情日益加重，准备晚几天再去巡线，但病重的父亲不同意，硬是把他撵出门让他去巡线。当天，这个老巡线员永远地离开了人世。当同事把吕清森从巡线路上找回来时，父亲已经去世了。

提到父亲，吕清森眼中含泪说："我不觉得遗憾，我相信红白线32年安全运行无事故，父亲能看得见。"多次碰到危险野兽。32年间，吕清森多次遇到狼等野生动物，情况特别危险。多年的巡线经验，吕清森还发明了"采光巡线法"。该方法目前已被吉林供电公司以他的名字命名并在公司送电专业推广。吕清森说，在光线的照射下，高空中的导线是银色的，如果有故障点，那上面就有一个小黑点儿。吕清森反复研究各类输电线路存在缺陷和隐患，还总结出"位置观测法""之字行走巡视法""风力风向观测法"等巡线方法。

32年，吕清森及时发现供电缺陷5000多件，累计为企业减少直接和间接经济损失6000多万元。

他告诉记者："我说不好什么是责任感，但是组织上交给我的事儿我一定要做好，我只是做我应该做的事。"

一个人的成就是与他的责任心成正比的。如果想要有所成就，必须有强烈的事业心，而事业心的核心部分就是责任心。优秀的电力企业员工要有敢于承担责任的意识，为自己的决策和行为负责，才能使自己不断提高，获得同事和领导的认可，进而赢得更多的资源和平台。

第五章
爱岗敬业

📖 **本章导读：**

　　爱岗敬业是爱岗和敬业的总称。爱岗和敬业，互为前提，相互支持，相辅相成。爱岗是敬业的基石，敬业是爱岗的升华。爱岗敬业指的是忠于职守的事业精神，这是职业道德的基础。爱岗就是热爱自己的工作岗位，热爱本职工作，敬业就是要用一种恭敬严肃的态度对待自己的工作。敬业是对良知的尊重，是神圣在工作中的体现，在工作中流露的优秀品德与人格。敬业精神作为社会主义核心价值观之一，放在企业层面，是企业持继发展的不竭动力，放在个人层面，是个人职业长青的基石。新时代，敬业精神也在传承的基础上不断衍生出新的内涵与意义。

　　通过本章学习，能使学习者建立对敬业精神的正确认知，树立正确的职业理想和态度，培养自己爱岗敬业、积极主动的职业态度与职业作风。

✍ **学习目标：**

　　1. 正确理解敬业的内涵。

　　2. 认同敬业的价值判断。

　　3. 了解敬业所需要的品质。

　　4. 主动培养自己的敬业精神。

第一节　用热爱激发潜能

一　什么是爱岗敬业

爱岗敬业是一个很古老的话题，随着时代的变迁，人们不断赋予它新的内涵。敬业与爱岗是紧密联系在一起的，爱岗是敬业的前提，敬业是爱岗情感的进一步升华，是对职业责任、职业荣誉的深刻认识。不爱岗的人，很难做到敬业；不敬业的人，很难说是真正的爱岗。

爱岗敬业，是职业道德的总体要求，是一个人基本素质的体现，展现了一个人的工作能力和才干，体现着一个人对社会、对企业、对集体的责任感与奉献精神。爱岗敬业是一种可贵的职业品质，是职场人士的基本价值观和信条。

在现代社会中，一个人要想获得成功或得到他人的尊重，就必须对自己所从事的职业、对自己的工作保持敬仰之心，视职业、工作为天职。可以说，爱岗敬业精神是职业精神的首要内涵，是职业道德的集中体现。

敬业就是尊重并重视自己所从事的职业。把工作当作自己的事业一样去努力经营，不以位卑而消沉，不以责小而松懈，不以薪少而放任，而应时时敬业，事事敬业，让敬业精神永存心中。

敬业是一种积极向上的人生态度。秉持这种态度的人会树立"这个世界没有卑微的工作，只有卑微的工作态度"的职业价值观。敬业的人对自己的职业水准有很高的要求，精益求精，对工作的现状不满意，永远在改善工作，这种敬业精神，在职业生涯的发展道路上，直接决定了职业发展的高度。

每个人都应该用敬业的态度对待自己所从事的工作，只有时刻不忘敬业，才能发掘出每个人内心蕴藏的活力、热情和巨大的创造力。在任何一个企业，具有强烈的实干敬业精神的人，自然能得到重视，受到重用，获得提拔。如果长期得不到重视，不能获得提拔，不妨自我反省一下，是什么阻挡了敬业的步伐？每个人应该把工作当成一种人生价值的体现，这样才能投入工作，甚至为它痴迷，因为工作已经成为生命中不可分离的一部分。

敬业让人感到快乐。从另一个角度来说，不快乐的人，往往是那些不敬业、对待工作敷衍了事的人。人们常常认为只要准时上班、按点工作、不迟到、不早退就是完成工作，就可以心安理得地领自己的那份工资。可是，这样的工作很可能是死气沉沉的、被动的，不能用一种新的目光来看待自己的工作，不能从中找到新的兴奋点，不能在工作中体会到成就感。一个人每天的工作时间占据清醒时间的2/3以上，试想一下，一个人长久地处在一种没有成就感、混混度日的状态中，怎么能体会到个体认同、职业认同和社会认同，又怎么体会到快乐呢。

敬业体现了一个人的良知，也是一种自觉自发的行为。换句话说，竭尽全力把工作做好是应该有的行为，不需任何理由与赞美，这样才对得起自己、父母、社会、世界。在工作中安身立命，在完美中心安，这是一个人对自己、对社会负责的具体体现。

敬业体现了一个人的社会责任感。敬业是付出，也是收获。敬业是积极向上的人生态度，忠于职守、热爱本职、兢兢业业、精益求精、一丝不苟，这些都是敬业的具体表现。敬业是施与，施与社会、施与自己，就像克里斯托夫·查普曼（管理会计大师，牛津大学赛德商学院教授）在墓碑上刻着的那行字："我从施与当中获得充实。"同样，我们也会因施与而充实，因付出所应该付出的而心安。

作为现代工业产业之一的电力行业而言，要把伟大事业不断推向前进，离不开每一名电力企业员工在各自岗位上的严谨细致、一丝不苟。唯有把琐碎的小事做好，才能树立好电力企业的良好形象；唯有把小事做到尽善尽美，才能成就工作大局。

二 爱岗方能敬业

这是一个飞速变化的时代，社会激荡前行，科技日新月异，新理念、新模式、新产品层出不穷，仿佛一日不紧跟潮流，便会被时代抛之身后。然而，纵然身外喧嚣缭绕，变化的终究只是外在的术，而内心的道自当始终如一。世事飞速更迭的时代，更难得一颗不变的匠心。行走的步伐再慢一点，沉淀的时间再久一点，也许就能看见不一样的世界。当一个人真正做到爱上自己的工作，心中就会有潮涌的激情和坚如磐石的信念，就有对工作的极度狂热，就有"衣带渐宽终不悔，为伊消得人憔悴"的追求和执着。

我们必须明确一个因果关系，有岗才有业，没有具体工作岗位，何谈敬业？不管是职业精神还是更胜一筹的工匠精神，爱岗与敬业总是密不可分。那些当得起匠人之名的人，往往都热爱自己所从事的工作，他们把工作看作事业，然后把事业变成一生的使命。因为真心热爱，所以全情投入。有时，一份工作在旁人看来，也许是最简单枯燥的重复，但是这些匠人却能感受到每一次的细微变化，欣然享受其中的乐趣，感受其中的价值。

所谓爱岗，不仅需要对本职工作有着异乎寻常的忠诚与热爱，更需要耐得住寂寞，沉得下心性，守得住初心，在自己的岗位上努力钻研，用时间历练出经验，锤炼出技艺。

工作岗位是每个人在职业生涯中行进的基础，是实现自己人生价值的最基本的舞台。一份工作不仅可以让人维持生活，更可以为自己在未来实现更高的目标默默积蓄能力、经验和阅历。

在信息时代，年轻人想要找一份称心如意的工作已经越来越困难了。国内曾有学者指出，我国已经进入充分就业的良性劳动力供需状态。所谓充分就业，意味着在劳动力市场中，会保持一定的失业率，在全球化的激烈竞争中，总有人相继失去自己的工作。

很多人拥有一份令人羡慕的工作，然而，他们却身在福中不知福，有些人甚至把工作当成负担，抱着混日子的态度，当一天和尚撞一天钟。尽管拥有良好的工作平台和舒适的工作环境，却没有把心思放在本职工作上，没有把精力用在自己的岗位上，更多的是贪图享受，领完这个月的工资，就开始数着日子，等待下次发工资。这样的人岂能被企业重用？我们没有理由把当下的工作视为权宜之计敷衍了事，而是应该立足于现实，调整好自己的心态，认真地做好手头的工作。无论从事任何工作，都应该抱着"不干则已，干就要干好"的态度，这是一种对自己、对工作负责的态度。

人们在工作中一帆风顺的时候，当然不会抛弃自己的工作岗位；当身处逆境、遇到困难的时候，更要珍惜自己的工作。只有珍惜自己的工作，才能对工作、对事业产生热爱，才能释放出对工作的积极性和创造性，才能百分之百地投入到工作中去，把工作视为自己的美好追求。总结职场失败者的经验教训，发现有一个共同点：某些人在职场上春风得意之时，就已经有潜在的危机了。

"生于忧患，死于安乐"的现象也常常发生在职场员工身上。随着经济和社会的发展，越来越多的高学历、高能力人才大量涌入劳动力市场，昨天，职场的危机意识还是"今天工作不努力，明天努力找工作"；明天，职场的危机意识就变了"比你优秀的人却比你更努力"。在这个追求效率的时代，企业生存危机加剧，除了对那些浑浑噩噩混日子的员工零容忍外，越来越多跟不上企业发展的步伐的老好人员工也逐渐被淘汰。想要稳住自己的岗位，必须干一行爱一行，干一行像一行，干一行精一行，珍惜自己的岗位，不断努力学习，不断提升自己的能力，否则就只能像温水中的青蛙一样，被企业淘汰。

当打算在工作中懒懒散散、投机取巧的时候，应想想这份工作是否来之不易，再想一想当下的工作岗位是不是自己的立身之本，最后再想一想，尽管自己渴望成功，但是否在工作中足够努力地提升自己。在我们的一生中，大部分时间是在工作中度过的，工作的成败，可以视为人生的成败，工作就是人生最大的舞台，珍惜自己的舞台，才会在舞台上表现得更加精彩。

▌延伸阅读▌

阅读材料一：温水中的青蛙

美国康奈尔大学曾经有一个非常著名的"青蛙试验"。把一只健康的青蛙投入盛有沸水的锅中，青蛙感受到热度，意识到危险的存在，拼命一纵就跳到了锅外。随即，试验人员又把这只青蛙放进盛有冷水的锅中，而后慢慢加热。一开始，青蛙在水中畅游，毫无感觉。几分钟后，锅里的水温渐渐升高，青蛙也丝毫没有感觉到危险的到来。最后，原本活蹦乱跳的青蛙竟然被活活煮死了。

阅读材料二：岗位的选择

在一家单位中，有 5 个年轻人、由于对当前的工作环境和薪金待遇不满，先后申请停薪留职，另谋高就。数年后，他们中间只有一个人有了自己的事业，其他 4 个人都是信心爆棚地离开，灰头土脸地回来。当他们看着原本属于自己的工作岗位被后来者稳稳占据，内心当中充满了对当初做出鲁莽决定的悔恨和对现实的无奈。实际上，他们曾经都是意气风发、理想远大的年轻人，因为年少轻狂，没把自己当前的工作放在眼中，做出了轻易放弃的选择，造成了一生的遗憾。

三　干一行爱一行

干一行爱一行是职业道德中一项最基本、最普遍、最重要的要求。在每一个具体岗位上，不论平凡与否、高低与否、贵贱与否，都应忠于职守，不计得失，兢兢业业，任劳任怨，一丝不苟，具有高度负责的工匠精神和道德意识。每个人都有责任、有义务去做好每项工作，这是一种良好的人生态度。

干一行爱一行就是全心全意地热爱自己的工作，热爱自己的岗位，即使有荆棘、有羁绊，即使苦些累些，只要"心跟事业一起走"，一定能在追求与付出中体验到奋斗的快乐与慰藉。

找到工作的乐趣，做快乐的职业人。敬业是一种建立在热爱工作的基础上的职业精神。敬业精神提倡把自己喜欢的并且乐在其中的事当成使命来做，如此就能发掘出自己特有的能力，其中最重要的是能保持一种积极的态度，即使是辛苦枯燥的工作，也能从中感受到价值，在完成使命的同时，会发现成功之芽正在萌发。

一个人做到一时爱岗敬业很容易，但要做到在工作中始终如一，将爱岗敬业精神当作自己的一种职业品质却是难能可贵的。

中央电视台等新闻媒体曾经报道过一位感动中国的环卫工人王长荣的事迹，他就是始终如一、爱岗敬业的职业精神的普通人代表。2010年1月2日晚间开始，北京下起了60年来同期最大的一场雪，降雪整整持续了一天，北京面临严峻考验。

为应对这场暴雪，北京启动了红色扫雪铲冰预案，以保障暴雪天城市道路畅通。从1月2日21时到4日8时，北京近两万名环卫工人轮番熬了两个通宵，不间断地在重要路段、主要环路、立交桥上反复施撒融雪剂除雪，确保了1月4日长安街、二环路、三环路等主要道路的畅通。

面对罕见的低温和暴雪天气，本应1月2日上岗的王长荣，元旦之夜就从京郊昌平的家中来到了单位做准备，这是王长荣27年从事一线环卫工作的老习惯。王长荣所在的东城环卫五所要负责25条街道、9条过街桥及98万平方米的作业面，平均每个工人要清扫8000~9000平方米的积雪，劳动强度很大。可漫天大雪一直没停，加之地面温度太低，马路上已经形成了冰层，车辆及行人的通行存在很大危险。针对大型机械无法作业的死角，王长荣和同事们用手撒融雪剂，用锹铲"地穿甲"，全部实行人工作业。王长荣一干就是4天4夜，直至突发脑出血晕倒在工作岗位上。

2010年1月10日，王长荣在各方的关怀下已经基本脱离生命危险。据接诊医生介绍，王长荣本身患有高血压，劳累和寒冷的天气直接诱发了脑出血。当他被送进医院时，包括送他来的工友，棉衣棉裤都是湿的，腿上、鞋上还有冰碴儿。

王长荣的敬业态度在同事中有口皆碑，每次出班，他一般都是最后一个回来，默默将自己的任务干好才离开工作岗位，这是平日少言寡语的王长荣给同事们最深的印象。为了不影响其他同事休息，有时晚下班的王长荣甚至会在单位宿舍里坐着睡觉直到天亮出班。提到此事，王长荣的同事们眼中无一不是热泪盈眶。

王长荣说："我喜欢我现在的职业，虽然只是一名普通的环卫工人，我在这个岗位上一干就是 27 年，我爱岗敬业，不计较个人得失，不谋求荣华富贵，只希望能够给市民创造一个干净卫生的环境。"

何谓爱岗敬业？王长荣的行动为我们很好地诠释了"敬业就是尊敬、尊崇自己的职业"这一朴素的含义，他的职业精神也使自己赢得了整个社会的尊敬。

干一行爱一行是爱岗的最好体现，是一种优秀的职业品质，是所有的职业人士都应遵从的基本价值观。只有爱上自己的工作，才会全身心地投入到工作中去，因为这样会把工作当成一种享受，只有爱上自己的工作的员工才能不断提高自己的职业素质，并在工作中发挥出自己最大的效率，最终取得事业的成功。

┃延伸阅读┃

阅读材料三：工作也能先结婚再恋爱

李敏大学毕业后，在电力公司后勤部门做内勤工作，她的工作非常枯燥和琐碎，每天除了写公文报告、打字，就是做一些端茶倒水打杂跑腿的活。可是李敏非常踏实，她觉得能力不是很强，没有高学历，更没有关系可以依靠，不如踏实做好得之不易的工作。

对内勤工作，李敏没有一点抱怨，她经常和朋友说："高兴也是上一天班，不高兴也是上一天班，只要你想明白，就会开开心心地做那些你不喜欢的事了。"一晃儿，李敏在公司做了 3 年的内勤工作，她积累了丰富的行政及人事工作的经验。后来，她被电力公司安排做了办公室主任。

几年的光景，李敏的事业蒸蒸日上，同事和朋友们都问她成功的经验，得到的答案竟然简单得让人不敢相信，她说："其实我也没有什么捷径，就是你对工作要先'结婚'再'恋爱'，然后发自内心地爱上它，爱到无怨无悔，爱到付出所有。"

思考题

"爱岗敬业是最可贵的职业品质"，你认同这个观点吗？

第二节　用态度决定高度

一　态度是职业精神的尺子

在企业中，每个人都有自己的工作态度，有的勤勉进取，有的得过且过，有的悠闲自在。工作态度决定工作成绩，虽不能保证持一种工作态度的员工都能成功，但成功员工的工作态度一定大致相同，即拥有积极态度的员工，才能取得更大的工作成就。

微软公司的前总裁比尔·盖茨曾对他的员工说："工作本身没有贵贱之分，对待工作的态度却有高低之别。"如果每个人能够尽职尽责地做好自己的本职工作，坚持做好自己的每份日常正作，那么，他的前途一定是不可限量的。

事实上，没有平凡的工作岗位，只有平庸的工作态度。无论你从事的工作多么琐碎，都不要看不起它，所有正当合法的工作都是值得尊敬的。没有人能够贬低工作的价值，关键在于如何看待自己的工作。

一些人经常抱怨自己的工作枯燥、卑微，轻视自己所从事的工作，在工作时敷衍塞责，得过且过，将大部分心思用在怎样摸鱼偷懒，将混日子视为一种占便宜。然而，这些人没有想到的是，他们在混日子的时候，混掉的不仅是企业的时间，更是自己的时间，他们错过了在岗位上锻炼自我、不断提升积累经验的时间，即使岗位不淘汰他们，时代的发展也会自然淘汰他们。

2018年1月，有一条新闻跃入了人们的视野。从1月8日起，唐山城市中桥所有收费站停止收费。这本是一件利国利民的好事，却遭到了收费站工作人员的反对，不接受劳动协议补偿，不接受新岗位安排，有人甚至哭诉："我今年36岁了，除了收费啥也不会。"

是的，一位36岁的中年女性，她一直在收费站工作。结果收费站在时代的变革中不需要她了，无论找什么关系都没用，因为裁撤的不是她这个人，而是这个岗位不需要了。对她，我们哀其不幸的同时，只能怒其不争。路桥收费员这个岗位，同样涌现了很多优秀的人才，即使这一岗位消失，他们也能迅速地投入、适应新的工作岗位。而那些除了收费什么也不会的人，正是在日常工作中，将清闲事少当成了工作福利，在心安理得中错过了学习和发展的最佳时机，以为占了社会的福利，殊不知只是透支了未来的幸福与安稳。当时代要抛弃你，根本连招呼都不会打。

┃ 延伸阅读 ┃

阅读材料四：不好伺候的客人

美国独立企业联盟主席杰克·弗雷斯 13 岁开始在他父母的加油站工作。弗雷斯想学修车，但他父亲让他在前台接待顾客。当有汽车开进来时，弗雷斯必须在车子停稳前就站到司机门前，然后去检查油量、蓄电池、传动带、胶皮管和水箱。

弗雷斯注意到，如果他干得好的话，顾客大多还会再来。于是弗雷斯总是多干一些，帮助顾客擦车身、挡风玻璃和车灯上的污清。有一段时间，每周都有一位老太太开着她的车来清洗和打蜡。这个车的车内踏板凹陷得很深很难扫，而且这位老太太极难打交道。每次当弗雷斯给她把车准备好时，她都要再仔细检查一遍，让弗雷斯重新打扫，直到清除掉每一缕棉绒和灰尘，她才满意。

终于有一次，弗雷斯忍无可忍，不愿意再伺候她了。弗雷斯的父亲告诫他说："孩子，记住，这就是你的工作！不管顾客说什么或做什么，你都要记住做好你的工作，并以应有的礼貌去对待顾客。"

父亲的话让弗雷斯深受震动，许多年以后他仍不能忘记。弗雷斯说："正是在加油站的工作使我学到了严格的职业道德和应该如何对待顾客，这些东西在我以后的职业生涯中起到了非常重要的作用。"

态度是人生发展的动力

工作是一种态度问题，人生更是一种态度问题。工作需要热情和行动，工作需要努力和勤奋，工作需要积极主动、自动自发的精神，以这样的态度对待工作，才可能获得工作所给予的更多奖赏。而工作占据了中青年时代大部分的人生，工作态度也将深刻地影响着人生态度。

很多年轻人进入企业时都抱着这样的想法，自己做事都是为了领导，为领导工作，为领导赚钱。这种想法是极其片面的，领导出钱雇用员工，如果员工不努力工作，敷衍了事，又从哪里拿到薪水。再者，要是领导不赚钱，他拿什么支付薪水，员工又怎能安安稳稳地在这个企业里工作下去呢？也有这样一些人会认为，反正不是为自己干活，能混就混，企业赔钱了不用自己去承担，他们甚至还拖老板的后腿，背地里做些有损企业的事情，其实这样做有百害而无一利。员工工作不努力，企业经营不善，薪水肯定得不到保障，甚至还会失业。工作是生活的一部分，工作态度正是人生态度的影射，在工作中习惯消磨、偷懒，在人生中也容易堕入消极、拖延、失信的深渊。可能会不好好履行与他人的契约，在工作中占企业便宜，在生活中占他人便宜，占社会便宜。

换一种角度，工作兢兢业业，表面上看是为了企业，其实是为了自己，因为敬业的人能从工作中学到比别人更多的经验，更容易适应这个高速发展的社会，并受到别人的尊重。体验到工作带来的巨大成就感，也会在这种积极的认知中不断进步，为人生注入不竭的动力。

积极的态度就是认真对待每项工作

世界上的每一项工作都值得认真去做。那些取得卓越成就的人们，无一不是对每一份工作都做到全力以赴的人。高楼大厦是经过一砖一瓦垒起的，伟大的事业也是从平凡的工作中汇聚起来的。

很多人特别年轻人都渴望证明自己的优秀，很多却只是停留在了梦想的阶段，而不是从最简单的工作做起，从而失去了展示自己价值的机会和走向成功的契机。

全国劳动模范窦铁成是铁路系统的一名从事电力工作的职工，只有初中文凭，但他以一颗对企业感恩的心，凭借自己的努力，最终成长为新时期中国的"金牌员工"，被认为是现代产业工人的楷模。

在铁路电气和变配电施工的技术方面，窦铁成是"问题终端解决机"。有技术难题，大家只要拨打窦铁成的手机号码，难题往往迎刃而解。许多问题，他不需要去现场，只要听人讲解大概情况，就能很快找出症结所在。

窦铁成能练成这样出神入化的技术本领，与他的努力与刻苦是分不开的。他仅有初中学历，文化基础很薄，却自学掌握了大量电力学知识。60余本、百余万字的工作学习日记，是他孜孜不倦学习的见证。从一个普通的电工成长为知识性高级技师，其间付出多少努力也许只有窦铁成个人才能清楚。

2006年7月，窦铁成参加浙赣铁路板杉铺牵引变电所施工工程。这个变电所是浙赣铁路规模最大、技术含量最高的变电所。施工过程中，变电所的变压器引入导线设计要求为铜板双导线，但国内没有这种产品，交工日期已经逼近，大家把目光投向了老窦。

在巨大的压力下，连续5个晚上，窦铁成在宿舍光着膀子写写算算，反复推敲。5天后，"简化结构，保证功能"的产品加工方案出炉：利用现场既有的铜排、铜螺栓等材料，加工制作出符合技术和功能要求的全铜间隔棒，完全达到技术指标。后来，该技术在900多千米的浙赣线电气化改造工程迅速推广，节约成本4倍多。

窦铁成以卓越的业绩证明了自己。由他负责安装的45个铁路变配电所全部一次性验收通过，全部一次送电成功，全部获得"优质工程"称号。参加工作30年间，他提出实施设计变更6次，解决技术难题52个，排除送电运行故障310次，为企业挽回经济损失及节约成本1380万元。正是凭着不断解决难题的一股韧劲，窦铁成在自己平凡的岗位上做出了不平凡的业绩。

态度决定高度。仅仅忠于职守是不够的，还应该更努力一点，还应该要求自己在做完本职工作后再多做一些事情，比别人期待的做更多一点，这样就可以做得更好，给自己的职业生涯的提升创造更多的机会。

我们没有义务做自己职责范围以外的事，但是也可以选择自愿去做，积极努力地去做，以驱策自己快速前进。积极主动是一种备受领导看重的职业素养，它能使人变得更加优秀。不管是管理者还是普通职员，更努力的工作态度能使人从竞争中脱颖而出，从而获得领导和客户更多的关注和信赖，得到更多的机会。

▎延伸阅读▎

阅读材料五：三个工匠

三个工匠正在砌一堵墙。有人过来问他们："你们在干什么？"

第一个工匠没好气地说："没看见在砌墙？"

第二个工匠笑笑说："我们在盖一座高楼。"

第三个工匠边干活边哼着小曲，他满面笑容地说："我们正在建设一座新城市。"

同样的工作，同样的环境，却有如此截然不同的感受。从三个人的态度上，我们可以看出：

第一个人，是平庸的工匠，在他的眼里，工作似乎是一种苦役。第二个人，是中等的工匠，他抱着为薪水而工作的态度，为了工作而工作。第三个人，是一流的工匠，在他身上，看不到丝毫抱怨和不耐烦的痕迹，相反，他充分享受着工作的乐趣。

十年后，第一个人依然在砌墙，第二个人在办公室画图纸——他成了工程师，第三个人成了前两个人的领导。

思考题

你相信努力工作就一定会有回报吗？

第三节　用主动替代被动

一　主动催生优秀

工作中，很多人没有意识到主动工作的重要性，他们习惯于用传统的态度来对待自己的工作，这样做的结果是：那些听命行事、仅仅满足于完成领导交代自己的任务的员工，将会越来越平庸；相应地，那些善于管理自己、领导自己，能主动去工作的员工，才是管理者最欣赏和企业最需要的人才。

事实上，很多企业里的老员工，没有弄清楚管理者和企业对自己最深切的期望是什么，他们以为老实本分、干好分内的事即可。然而，领导真正的期望是，不要只做领导交代的事，要主动去做没有人吩咐但对企业有帮助、能让企业获得更大利益的事。当一个员工知道如何去发挥自己主动性的时候，他就有望成为最受管理者和企业欢迎的职业人。

在企业里，常常会有一些老员工感叹现在的年轻人敬业观念越来越淡薄，工作既不认真也不努力，犯了错不想改正，别人也不能说，要求严格了便辞职离开。这些年轻人当中能虚心学习、苦干实干、认真负责的人少之又少。老员工的评论不无道理，其中有一点是不容忽视的，即一个人的敬业精神。如果在工作上能敬业，并且把主动工作变成一种习惯，将会受益终身。

有这样一个故事，在公元440年，雅典市政府请当时著名的雕刻家菲迪亚斯在雅典帕德嫩神殿的屋顶上雕刻一座雕像。可是，当这座雕像完成之后，政府会计却拒绝支付薪酬，原因是菲迪亚斯用时过长，雕刻过于完美，致使费用超支。

那位会计振振有词地说："你为什么要把雕像的后面也雕得如此完美？它明明对着大山，谁也看不到。"

菲迪亚斯却说:"哪怕你不支付工酬,我也必须要这样做,因为神明可以看到它的背面。"

这就是一种主动精神,更是一种职业精神,在领导和客户没有要求的地方也能尽职尽责思考的员工,才是催生企业不断发展进步的动力,在工作处处积极思考主动作为的员工,才能不断取得进步与成就。有一项最重要的职责,那就是企业对员工的终极期望,永远做企业非常需要做的事,而不必等待别人要求才去做。

二 摒弃工作中的消极情绪

消极情绪不仅危害自己,还会影响到同事,有时甚至会产生一些误会和摩擦。例如,把消极情绪带入工作,对周围同事冷言冷语,个人形象难免受到影响;或者,带着消极情绪接待客户,对客户不热情,可能会导致业务上的失利。这不仅是个人的损失,也是企业的损失。因为个人的原因导致与客户合作关系恶化,导致企业的形象受损,或者因为个人的一次不好的态度,致使外界对企业评价非常恶劣,给企业声誉抹了黑。可以说,无论哪家企业都不会喜欢带着情绪工作的员工。工作中,避免受到不良情绪、消极情绪的影响,应该从以下几个方面做起。

(一)别只看到工作中的枯燥与乏味

有些员工觉得工作只会给自己带来枯燥与乏味,导致大量负面的情绪滋生,原因是他们眼中只看到了工作中枯燥乏味的部分。有的时候不妨将眼界放宽一点,别总是关注手头的那点任务,利用闲暇时间多去找一找工作中有趣的事情,或是去了解一下在周围其他同事身上发生了什么有趣的事,自然就会转移对工作本身枯燥和乏味的事情的注意力,也就不会让负面情绪滋生了。

(二)学会从细节中去发现快乐的影子

在工作时人往往将全部的关注点都放在自己的任务上,在那些所谓工作中最重要的关键点上,往往忽略了工作中的许多细节。其实,只要稍微留意,就不难从工作中找到乐子。例如，在办公室中可能有一株长得奇形怪状很有喜感的植物，部门的公告上可能有因为输入法出错导致的笑话等。其实这些快乐每天都存在于工作的过程中，如果从不留意这些细节，也就错过了这些快乐。

（三）在工作前给自己讲一个笑话

在工作前给自己讲个笑话能够帮助我们更好地在工作中找到乐趣。一般来说，在做任何事情前，我们都会在心中产生一个基础心理，这个心理是由对将要做的事情的预估所决定的。如果在工作前想到自己还有一大堆枯燥的事情要完成，难免会心情低落，自然也没兴趣去寻找工作中的乐趣，如果能够在工作前给自己讲个笑话，多半能够更加愉快地投入到工作中，自然就会有心情去发现工作中的乐趣。

作为一名职场人士，永远不要让消极情绪生根、发芽。当在工作中因为某些小事影响到心情时，要及时进行自我调整。不良情绪来的时候，要反复告诫自己，冷静、思考、再冷静，直到自己的情绪平静下来。

二　保持适度的压力

人的一生中无时无刻不在承受各种压力，只要还在工作就要遭遇困难，只要还在生活就要面对压力。我们没有办法去选择承受哪一种压力，但我们可以决定，用哪一种方法去面对压力并且解决甚至是利用它。

压力在给我们造成心理困扰的同时，也提供了一种无形的动力。有压力证明遇到了问题，而只有解决问题才能不断进步。只要学会管理压力，适度的压力也能转化为动力，让压力这把"双刃剑"为己所用。

我们要自我加压，需要掌握科学的手段。与减压一样，只有科学的方法才能达到给自己加适度压力的目的，否则不但可能毫无效果，甚至会平添不必要的负面压力。

（一）衡量自己的压力水平，确定自己是否真的需要加压

我们要想通过加压来实现对自己的激励，那么首先就要去衡量自己的

压力水平。可能有些人会说："我有压力自己当然能够感觉到，还需要怎样去衡量呢？"其实衡量压力水平仅仅靠感觉是不够的，因为每个人都会由于各方面的心理因素导致产生错觉，很有可能压力很大，但是因为没有意识到这些压力而忽略了它的存在；相反，也可能因为错觉而在本没有什么压力的时候觉得很有压力，错过了加压的最好时机。想要正确衡量压力水平，就要摆脱自己的主观臆断，通过自己的现实状况来进行评价，例如对自己工作任务的完成度进行判断，对自己生活上很多事情的结果进行判断。通过对这些客观结果进行判断，就能正确了解自己究竟有多大压力。压力的大小有时并不能完全反应在感官上，但是却会真实地附着于实际的事件上。

（二）要寻找恰当的外部刺激进行加压，别加压过度

在给自己加压的过程中，一定要遵循适度的原则，否则加压过度无异于自寻烦恼。要想给自己找到适合的压力，就要相应地寻找恰当的外部刺激，因为受到压力的程度大部分取决于所感受的外部刺激。当压力小时，可以找一些小的刺激来给自己增添一个压力源，比如去看看自己想买却又承受不起价格的一些商品；如果需要施加较大压力的时候，那么就不妨从人生的长远角度去寻找一个大的刺激，比如离自己的人生目标还有多远的距离，我们的生活到底在一段时期内有了什么样的改善等。

（三）在加压之前确保自己有一个健康的心理

既然在加压的过程中必须遵循适度的原则，那么就应该对自己心理的健康指标进行衡量，因为只有健康的心理才具有普遍的压力承受能力。倘若心理存在问题，那么承受压力的能力也会比其他人更低，如果按照正常的标准加压就很有可能导致加压过度。可以回想一下最近一段时间自己的情绪是积极的还是消极的，自己在认知上是否存在不符合社会普遍价值观的偏差，自己在人格上是否有缺陷。当确认自己的心理是完全健康的，就可以放心地对自己施加一定压力了。

压力虽然有时会成为我们的敌人，但是在大多数时候它依旧是获得成功、

实现工作和生活目标的最好帮手。不要让自己沉浸在没有压力的空虚之中，在自己太过放松时学会给自己添点压力，相信这样坚持下去，未来会更加光明美好。

▎延伸阅读▎

阅读材料六：井中的驴子

有一天，农夫的一头驴子不小心掉进一口枯井里，农夫绞尽脑汁想办法救出驴子，但几个小时过去了，驴子还是在井里痛苦地哀号着。

最后，这位农夫决定放弃，于是他便请来左邻右舍帮忙一起将井中的驴子埋了，以免除它的痛苦。

这个农夫的邻居们一人一把铲子，开始将泥土铲进枯井中。

当这头驴子了解到自己的处境时，刚开始哭得很凄惨，但出人意料的是，一会儿之后这头驴子就安静下来了。农夫好奇地探头往井底一看，出现在眼前的景象令他大吃一惊。当他们铲进井里的泥土落在驴子的背部时，驴子的反应令人称奇——它将泥土抖落在一旁，并将泥土踩成一个泥土堆，然后再站到泥土堆上面！就这样，驴子很快地上升到了井口，然后在众人惊讶的表情中快步地跑开了。

思考题

为什么不要带着不良的情绪去工作？应该怎样变被动情绪为主动？

第四节　坚信工作无小事

一　每份工作都有价值

工作无小事。一种职业，一份责任；一个岗位，一份使命。爱岗敬业、尽职尽责不仅是个人生存和发展的需要，也是社会存在和发展的需要。在自己的工作岗位上认真负责，尽心尽力，遵守职业道德，就是一种普遍意义上的奉献精神，就是一种难能可贵的崇高境界。

在今天这样一个竞争的时代中，尽管每个人所处的岗位不同，但相同的是，所有的工作都要求员工爱岗敬业，尽职尽责。

工作的平凡与伟大不在于工作本身，而在于对待工作的态度。爱岗敬业，尽职尽责，就是正确的态度之一。一个人只要对工作尽职尽责，即使在微不足道的岗位上也会创造出骄人的业绩。

优秀的人总是在细微之处非常用心，着力于细微之处，因为他们明白，只有完成这些毫不起眼的小事，才能保证大事上的成功。而优秀的人和平庸的人之间一个很明显的差别就在于他们对待小事的态度不同。在优秀的人的眼里没有不值得做的小事，但在平庸的人的眼中，那些不引人注目的细小之处却完全可以忽略。

▎延伸阅读▏

阅读材料七：织挂毯的女孩

一位年轻的女孩进入纺织局以后一直从事织挂毯的工作，做了两个星期之后她再也不愿意干这种无聊的工作了。她感叹道："给我的指示简直不知所云，我一直在用鲜黄色的丝线编织，却突然又要我打结、把线剪断，这种事全没有意义，真是在浪费生命。"

> 身边正在织毯的一位老纺织工说："孩子，你的工作并没有浪费，其实你织出的很小的一部分是非常重要的一部分。"老纺织工带着她走到工作室里摊开的挂毯面前，年轻的女孩呆住了。原来，她编织的是一幅美丽的《三王来朝图》，黄线织出的那一部分是太阳的光辉。她没想到，在她看来没有意义的工作竟是这么伟大。

二 注重小事的细节

耐心做小事不难，难在做好小事，很多人失败在对小事中细节的关注。从某种意义上讲，细节是对一个人综合素质最真实的考察，也是一个人区别于他人的重要因素。很多时候，能让竞争者在难分高下的竞争中脱颖而出的决定因素往往是细节。

绝大多数刚参加工作的年轻人，由于阅历和经验的限制，都不会被委以重任，做的工作大都是些小事。这时候，更应该把小事做到位，关注每件事情的细节。因为没有哪件事情小到不值得重视，也没有哪个细节细到不值得做好。比如，在过年过节时，为客户送上一句温馨的祝福或一个贴心的小礼物，都会给对方带来意想不到的惊喜，这些会让客户感觉到温暖和情谊，也容易消除彼此的陌生感和警戒心。

不要忽视工作中的小事情，细节往往反映一个人的办事能力。约翰·洛克菲勒曾说："当听到大家夸一个年轻人前途无量时，我总要问，'他努力工作了吗？认真对待工作中的小事了吗？他从工作细节中学到东西了没有？'"

注重大局，也要关注细节，因为细节总会在关键时候起到关键的作用。

有一个管理者在决定提拔下属的时候举棋不定，因为这两个下属人品、学识和经验都不相上下。后来管理者到他们的办公室分别走了一趟后，心里立刻就有了答案。他的依据就是办公桌的清洁程度。一个桌面杂乱，文件、记事本、电脑上都蒙着厚厚的尘土，一切看上去都毫无头绪。在管理者看来，这样的人做起工作来也会杂乱无章。而另一个则把一切都打理得井井有条，桌面上一尘不染，连鼠标都闪闪发亮，所有的工作都做得井井有条。管理者认为一个注重细节的人，工作起来会比较认真周全，让人放心和信任。就这样，一个小小的细节便决定了他们不同的职场命运。

升迁这样的事情不是每天都会发生的，再来看看一些工作中常见的例子。比如，主管安排打印一个文件或者给客户发一封电子邮件，如果邮件的结构布局、用词都很得当，只是里面的一个字写错了，或者标点符号用错了，这时候主管抱怨甚至发怒，他是小题大做吗？或者打印纸随用随丢，可以用反面的时候却要拿新纸用，这是无足轻重的小事吗？虽然这些看起来的确是小事，但是，小事不可小视。发给客户的文件和信函，代表着企业的整体形象，错了就无法弥补。同时，随着微利时代的到来，提倡节约也是必需的，因为节约的都是利润。

古人曾说："天下难事，必作于易；天下大事，必作于细。"精辟地指出了要想成就一番事业，必须从简单的事情做起，从细微之处入手，这样才会离成功越来越近。很多人喜欢做大事，而不屑于做领导安排的小事，但事实上能做大事的人实在太少，多数人多数情况还是只能做一些具体的、琐碎的事，也许过于平淡，也许过于鸡毛蒜皮，但这就是工作，是成就大事不可缺少的基础。只有通过培养认真做小事的态度，才能培养处理大事的能力。

看不到细节，或者不把细节当回事的人，对工作缺乏认真的态度，对事情只能是敷衍了事。这种人无法把工作当作一种乐趣，而只是当作一种不得不受的苦役，因而在工作中缺乏工作热情。他们只能永远做别人分配的工作，甚至即便这样也不能把事情做好。而考虑到细节，注重细节的人，不仅认真对待工作，将小事做细，而且注重在做事的细节中找到机会，从而使自己走上成功之路。

工作中，评价一个人能力的强与弱，不能仅以一次成败来衡量，因为如果下定决心，很多人都可以做到。但是，要将一件简单的事坚持不懈、始终如一地做好就不易了。"泰山不拒细壤，故能成其高；江海不择细流，故能成其深。"企业的发展需要对更多平凡小事的深层关注，作为一名职业人，要善于从平凡的岗位中去寻找乐趣。尤其不要因为做的是小事，而看不起自己的工作岗位。

| **延伸阅读** |

阅读材料八：99%

名古屋的一家国际贸易公司曾经接到本田公司的一个订单：本田公司准备在三年内推出一款新车，这家贸易公司需要为其生产车上的一款小马达。其实，这只是一个小业务。不过，负责这个项目的部长非常重视，并委托中国广东的一家合作工厂来进行生产。为了保证这款小马达的质量，他们专门花费千万年薪聘请了一位日本的电机专家，对生产进行监督，这位专家每周都要在日本和中国之间往返。

就是这样一个看似不起眼的小马达，执行标准严格到近乎苛刻的地步，一个微不足道的小零件，就需要经过耐水、耐热、耐撬等37项检测实验。单是介绍这些实验项目的检测要求和所测产品性能的说明，就写了满满46页纸。

虽然生产的过程无比严苛，可是第一批生产出来的3000个小马达在运到日本之后，却被发现有7个不合格。部长心急如焚，马上带领电机专家来到了广东的工厂，夜以继日地排查问题的根源，广东这家工厂也检测了所有的生产记录，都没有发现问题。

部长无奈，只好想出了一个笨办法。在接下来出产的几批小马达通过出厂检测后，部长决定由日方出资，将进行出厂检测的25名中方员工请到日本，让他们再次对已经通过出厂检测的小马达按照同样的方式进行检测。复查之后，日方会进行最终的检验，以保证所有产品都是合格的。

最终，这家贸易公司圆满完成了本田公司交给的任务，所有的马达质量都过关。但是，由于部长在整个过程中花费了过多的成本，导致这笔买卖不但没有赚钱，反而赔了不少。但是从长期来看，这家贸易公司赢得了本田公司的信任，为今后的发展铺平了道路。

在工作中，每个人都应该用最高的标准要求自己，要完成100%的工作，绝不只做到99%，因为只有做到100%才算合格，工作才算做到位了。

思考题

列举3件工作学习中虽然不起眼却很重要或关键的小事。

第六章
严守规章

📖 **本章导读:**

规章是人们职业生涯中所必须遵循的原则与制度,是保障职业生涯健康发展的根本要素,具有普遍性和强制性,体现了企业经济活动的特点和要求。在职业生涯中,规章作为企业文化具体表现,是营造和谐的重要手段和方法。规章的存在能在一定程度上使广大职工确立正确的价值观和行为导向,保障企业安全生产和职工人身安全,在推动企业和谐有序发展、创新提质增效上有至关重要的作用。

通过本章学习,能使学习者建立对规章的正确认知,树立严守规章的职业精神和追求,为职业生涯健康发展和职业精神塑造打好基础。

✍ **学习目标:**

1. 了解规章的定义、内涵和特征。

2. 正确理解规章在营造和谐中的重要作用。

3. 了解安全及安全生产的相关概念。

4. 认识到规章在保障安全生产中的重要作用。

5. 掌握习惯性违章的概念、危害和产生原因及反习惯性违章的方法。

第一节　规章营造和谐

一　和谐与规章

和谐的通用解释是"配合得适当、协调"，和谐是指在一个共同体中，不同事物都有自身的生存和发展空间，它们的关系处于一种协调、有序、平衡的状态，并共同维系着共同体的完整性。

在职业生涯中，离不开和谐二字，不仅要做到人与社会和谐，还要做到人与人内心和谐，其中人与人之间内心和谐是根本。职业生涯中的和谐表现在诸如工作氛围、人际关系、流程制度、职工情绪、绩效文化等方面，它属于一种精神环境，是一个被人体验和意识的世界，具有动态的和软性的特征。职业生涯中的和谐直接影响着职工的幸福指数和满意度，和谐的职业生涯可以大大激发职工的激情，提高工作积极性和创造性，提高工作质量和工作绩效，不和谐的职场是造成职工人际关系紧张、情绪消极、工作懈怠、斗争加剧、职业道德下降的罪魁祸首。职业生涯的和谐与否，不仅反映了一个团队和个人的客观面貌，同时也是价值观念、团队精神、职业精神的具体体现。

规章是指企业的规则章程，是企业用于规范企业全体成员及企业所有经济活动的标准和规定，它是企业内部经济责任制的具体化。规章对本企业具有普遍性和强制性，任何人、任何部门都必须遵守。规章大致可分为基本制度、工作制度和责任制度等，应体现企业经济活动的特点和要求。在职业生涯中，规章作为企业文化的一部分，往往是营造和谐的重要手段和方法，通过健全规章制度，能够有效提升职工工作积极性、责任感，凝聚职工劳动奉献的价值观；优秀的规章制度，在注重职工素质提升的同时，还可以为职工职业规划提供发展空间。

（一）企业和谐的内涵和特征

企业和谐，主要是指企业内部各个系统、各种要素处于一种相互依存、相互协调、相互促进、祥和融洽、稳定有序的状态，它是企业发展进步的表现，是企业非对抗性矛盾的良好的对立统一状态，是企业发展的有序性、一致性和协调性。这种内部和谐，是企业稳定、协调、有序的理想状态，既体现公平，又促进效率，它是公平和效率的统一，既包含企业发展进步的动力机制，又包含企业发展的平衡机制，它是企业内部动力机制和平衡机制的统一。企业和谐有以下基本特征：

1. 民主法治

和谐的企业应当是民主法治的企业。没有民主平等就没有和谐，民主平等是和谐的根基。从根本上说来，广大员工是建设和谐企业的主体，在和谐企业的构建中起主导作用。中外众多企业的实践表明，在现代企业中发扬民主，营造人人平等、协商共事的良好氛围，培养广大职工民主、平等、宽容、理性的现代民主精神和民主观念，养成遵循民主法律的习惯，使其通过民主选举、民主决策、民主管理、民主监督等手段，采用民主协商对话、合理化建议、民主评议等形式，依法有序参与企业经营管理，有利于调动职工的积极性，有助于增强企业的融合力和凝聚力，加强企业"人和"，推进企业的文明和谐建设。企业民主是对职工主人翁地位的肯定，是对职工自尊心、人格尊严的尊重，企业民主使广大职工的良好建议和意见有地方讲，讲了有效果，使广大职工关心爱护企业的积极性得到强化，有利于增强职工的主人翁责任感。企业民主使企业下情上达、上情下达，既沟通了感情，也为统一员工的行为和思想提供了保证。企业民主使职工的不满情绪有途径宣泄，有利于密切干群关系，融洽劳资关系，清除职工之间的摩擦，有利于化解矛盾，避免积怨成仇、矛盾激化。

2. 公平协调

和谐的企业应是广大职工各尽其能、各得其所又和谐相处的企业，是良性运行和协调发展的企业，公平正义应是其核心价值理念，是其得以构建的关键环节。所谓公平协调，就是为企业所有成员提供平等的竞争机会，创造平等的竞争环境，使每个职工在企业中获得应有的发展空间，在整个竞争活动中享有平等的权利、履行平等的义务；就是企业各方面的利益关系得到妥善协调，人民内部矛盾和其他矛盾得到正确处理，企业公平得到切实维护和实现。公平协调作为价值理念，作为企业和谐的重要特征，应是企业进行管理创新的重要依据，是协调劳资关系、广大职工相互间关系的重要准则，也是企业具有凝聚力、向心力和感召力的重要源泉。它规定着企业职工的基本权利和义务，规定着利益的合理分配，对保证企业的和谐运转有着极为重要的意义。只有公平协调，企业出台的各项政策措施才能获得广大职工的广泛支持，从而得以顺利实施；才能密切党群、干群、劳资关系，实现劳资间、广大干部职工相互间的良性互动，缓解或消除不同利益群体之间的矛盾，避免可能的恶性事件和恶性冲突的发生；才能形成尊重劳动、尊重知识、尊重创造的良好氛围，营造人能成才、人尽其才、才尽其用的良好环境，调动各个方面的积极性，促进企业更快更好地发展。但是公平协调又具有相对性，它不是无差别，不是消灭矛盾，而是指贫富、多寡的差距不能太大，矛盾应努力控制在一定的范围之内。维护企业公平协调的关键是通过健康的协调机制把分配差距控制在适当的范围内，尤其要通过保障机制来确保弱势职工群体的最基本生活。不能离开特定的现实条件，脱离企业生产力发展的现状，对公平协调提出不切实际的要求。应坚持公平与效率的有机统一，找准利益协调的最佳结合点，创造一种与时俱进的、绝大多数职工都能基本接受的和谐的企业环境。

3. 安全稳定

和谐的企业还应具有稳定、安全的特性。任何企业都会存在某些矛盾和冲突，但矛盾的运动可能呈现两种方向：一种是良性运行，即在正确处理和协调矛盾中，推动企业的前进发展；另一种是恶性运行，即由于处理不当或协调不及时，造成矛盾加剧甚至发生激烈冲突，影响企业稳定与发展。在推进和谐企业建设中，必须要及时化解矛盾，维护企业稳定。尤其在社会转型时期，稳定更是一个企业的文明和谐建设顺利推进的前提和基础。虽然一个稳定的企业不一定是一个和谐的企业，但一个文明和谐的企业必定是一个稳定的企业。

和谐必须以稳定为前提，但和谐又高于稳定，和谐是积极持久的稳定，是稳定的最佳状态。但稳定并不是目的，稳定的目的是通过稳定为企业发展、企业文明和谐创造条件。安全也是企业文明和谐的前提、基础和条件。尤其是在电力、煤炭、化工等高危行业，职工生命如天，安全至高无上，安全就是政治，安全就是稳定，安全就是效益，安全就是最大的和谐。安全生产，隐患险于明火，责任重于泰山，必须全面贯彻落实"安全第一、预防为主、综合治理"的方针，紧绷安全生产弦，提高安全意识，做到警钟长鸣。这是确保企业持续稳定的必要条件，是保持企业活力的基础，促进企业发展的前提。

4.团结有序

团结是企业文明和谐的应有之意。团结既包括企业内部各种人际感情上的亲密、思想和目标上的认同及行为上的协调一致，也包括党政间、部门间、班组间、群众团体间等各种组织间的相互支持、相互配合、密切合作，还包括企业内各个具体单位内部成员间的各负其责、分工明确、同舟共济、团结一致。天时不如地利，地利不如人和，团结是企业实力中的一个重要变量。一个企业如果团结形成合力，万众一心，众志成城，就会形成巨大的能量，推动企业的发展与进步，促成企业文明和谐建设目标的实现。

团结与有序紧密关联，有序是团结的重要制度环境条件。有序，就是企业的组织机制健全，规章制度严细，经营管理科学完善，生产生活秩序良好，职工群众安居乐业，企业保持安定团结。无规矩无以成方圆。没有健全的组织机制、严明的规章制度和严格科学的管理，员工就会各行其是，各吹各的号、各唱各的调，就不会有行动统一、步调一致和团结有序，而只能是松松垮垮、懒懒散散、马马虎虎、凑凑合合、纪律松弛、事故成堆、矛盾重重、混乱无序。只有从严治企，科学管理，使广大职工各司其职、各守其则，自觉遵守企业规则、规章和秩序，才能使企业安定有序，达到文明和谐。

（二）企业和谐的具体内容

对于一个企业来说，追求和谐文明的发展目标，是一项任重而道远的系统性工程，其建设内容相当丰富。概括说来有如下方面。

1. 人与自身的和谐

企业的和谐发展必然要求公平与正义，要求正确处理利益分配关系，这是构建文明和谐企业的重要前提。但企业的公平和谐程度如何，不仅仅取决于职工收入的多寡，还取决于职工们内在的心理感受如何。公平不是平均，不是无差别。因为公平在当前的生产力水平之下只能是相对的。企业和谐不是没有差别，而是努力把差别适当控制在企业职工基本都可以接受的限度内。如果内心和谐，就会以和谐的心态，理性地看待差别；如果内心不和谐，就难免会夸大差别，夸大企业以至社会的阴暗面，感到自己受到了不公正的对待，就会对他人、对企业产生冷漠、敌对情绪和仇视心理，甚至会铤而走险，做出某些破坏企业秩序甚至反社会的极端行为来，影响企业的和谐稳定。在人与自身的和谐中，心理素质、精神状态极为重要。只有心理健康，才能够愉悦地生活，才能正确处理与他人、与企业、与社会的关系，为建设文明和谐的企业做出贡献。

2. 人与人之间的和谐

企业的主体是人，企业中的人因职责、岗位、地位、角色等的不同，相互间构成各种各样的人际关系。所以，和谐的企业人际关系其内涵是相当丰富的，而主要的人际关系有以下几种：

（1）干群关系。干群关系是企业人际关系中最重要的一对关系，其实质是管理者与被管理者之间的关系，它直接关系到企业的和谐、稳定与健康发展。干群关系融洽和谐的关键是贵在尊重、贵在理解、贵在沟通。干部首先要尊重职工，信任职工，如果企业管理者能满足职工对尊重的需要，就能赢得职工的支持和拥护，相反，管理者对于职工的任何慢待、轻蔑、冷漠，都会激起职工的不满，甚至造成干群关系的紧张；其次，管理者要爱护、关怀职工，关心职工的疾苦，为职工办实事，多与职工交流与沟通，多说些温暖人心话，少说些寒心话。而职工应对干部即管理者给予敬重，多一分理解，多一分支持，多一分体贴。职工对干部的这种理解和体贴，是对干部的巨大安慰，往往会对干部起到巨大的激励和鞭策作用。只有双方的相互尊重和相互理解，才能营造一种干群互相关爱的融洽氛围，共同为企业的和谐文明建设做出贡献。

（2）员工关系。企业的一切经济活动都要由职工去完成，职工是构建企业和谐的人际关系的主体力量。职工与职工之间的关系是否和谐，对企业的和谐文明发展意义重大。只有职工与职工之间的人际关系和谐，企业组织的运转才有润滑剂，才能和谐运行。对一个企业来说，处理职工与职工之间人际关系的主要规范应包括诚实守信、团结友爱、互帮互助、文明友好、与人为善。要从团结的愿望出发，求大同存小异，正确处理相互间的矛盾和摩擦，减少内耗，缩短心理距离，增强彼此间的亲和力。只有如此，才能创造一个令人愉快的氛围，促进相互间的文明和谐。

（3）干部之间的关系。干部之间的关系主要是指企业领导班子成员间，部门领导班子成员间，以及各部门领导人之间的关系，它是一个企业内部最重要的人际关系之一。干部之间，尤其是班子成员间分工是否明确、是否团结协作，即人际关系是否融洽，对企业和谐人际关系的构建影响甚大。因为实现企业内部的团结和谐，首要的关键是领导干部相互间的团结协调，这是企业和谐的基础。在现实生活中，由于各自职责任务的不尽相同，观察问题、分析问题、解决问题的角度、方法不完全一致，使得企业的班子成员间、部门领导间必然存在着各式各样的矛盾。解决问题、化解矛盾，要求干部必须加强道德修养和工作作风修养，培养豁达大度、宽厚待人、坦荡忠诚、开诚布公、胸怀全局、竭诚团结、亲密合作、相互尊重等品格，不搞小动作，不相互拆台，不争功诿过，不在名利地位上争高低，抛弃个人的恩恩怨怨，做团结共事的模范。

3. 人与岗位之间的和谐

在现代企业内部关系中，人与岗位之间的关系是最基本的关系之一。对于一名职工来说，企业就是他工作奋斗的场所，岗位就是他工作奋斗的主阵地。职工与企业、与工作岗位关系是否和谐、理顺，对于企业的安定有序、文明和谐等极为重要。这就要求广大职工应爱企如家、爱岗敬业、与时俱进、强化素质、勇于奉献，力争在平凡的工作岗位上为企业的发展做出不平凡的贡献。爱岗敬业，尽职尽责，努力做好岗位本职工作，这是企业职工起码的道德要求。每个工种、每个岗位都是维系企业生产经营和谐运转的必不可少的环节和组成部分，只有分工的不同，绝没有高低贵贱之分。世界上没有没出息的行业和岗位，只有没出息的懒汉。因此，每一个职工都应安心于自己的工作岗位，尊重自己的职业，尊重自己的劳动。只有安心岗位、尊重自己的职业，才能产生从业的自豪感、荣誉感，才能满腔热情地工作。

4. 人与制度的和谐

企业制度建设要立足于人与制度之间的和谐，坚持以人为本的原则，把尊重管理、关怀管理、赞扬管理、参与管理、自主管理、柔性管理等融进制度建设之中，以增加广大职工对制度的认同度，使制度成为调动职工积极性的重要手段。制度要发挥作用，关键在严格贯彻执行。要坚持有章必循，违章必究，对违反规章制度的行为，必须按规定给予当事人适当处罚。处罚违章者，既可以使受处分职工产生羞耻感，使其知耻而后勇，痛下决心改正不合乎规章制度的行为；还可以教育其他职工引以为戒，增强自尊心和自控力，自觉按规章制度规范约束自己的言行。执行制度必须公平、公正，不管是谁违反了规章制度，都必须受到处罚。只有使规章制度具有铁面无私的严肃性，才能使其真正发挥作用。否则，有章不循、是非不明，不仅会使制度形同虚设，而且势必挫伤职工的积极性，其结果只能是管理乱、人心散、企业日渐失去凝聚力，人与制度的和谐遥不可及。

规章制度是死的，不可能仅凭规章制度就把职工完全约束住。没有对职工群众的关心、尊重和理解作基础，没有思想政治工作相配合，纪律制裁、处罚就很容易被看成是整治员工，甚至还会激化矛盾，造成企业劳资间、干群间的尖锐对立。所以，坚持以法治企，实现人与制度的和谐，就必须提高企业及其全体职工的法律意识。法律是强制性的社会控制的主要形式之一，在社会控制中发挥着重要的主导作用，对于维护一定社会的社会关系和社会秩序发挥着重要作用。企业作为法人，职工作为个体，都必须增强法治观念，培养守法的高度责任感和自觉性；要认真学法、知法、懂法，严格按法律规范的要求去做；要正确行使法律赋予自己的权利，认真履行法律义务，才能从根本上保障人与制度之间的和谐。

⬭ 规章在营造企业和谐中的作用

国有大型企业作为国民经济的主体、党执政的经济基础，担负着发展民族工业、创造财富、扩大就业、维护稳定、保护环境、确保国有资产保值增值的经济、政治和社会责任。没有和谐的环境，就没有企业的发展。没有企业内部的和谐，就不可能达到职业生涯的和谐，就更加没有社会的和谐。

在构建和谐企业的实践中，企业劳动关系不协调，民主管理得不到保障，安全权益得不到维护，人才环境得不到改善，精神环境得不到充实，自然环境得不到关注，就会影响到人的情绪心理、才智贡献，更会影响到安定团结、企业发展。规章制度的在营造和谐企业中的作用主要表现在以下几个方面：

（一）规章是企业经济效益的根本

企业存在的意义是不断增长社会财富，而社会财富的增长是以企业的蓬勃发展为基础的。发展是党执政兴国的第一要务，也是建设和谐企业的关键。企业作为社会财富的创造者，应当按照科学发展观的要求，认真分析面临的形势和任务，紧紧抓住重要战略机遇期，增强自主创新能力，转变增长方式，提高运行质量，实现经济又好又快发展。科学的规章有助于抓经营、促管理，增强企业生机活力、不断创造最佳效益。规章要坚持以人为本，做到安全第一，发挥人的主观能动性，建立安全生产的长效机制，为社会提供优质产品和服务，参与公共事业，积极创造社会效益。

（二）规章是稳定企业劳动关系的基础

劳动关系是重要的基本的社会关系，直接涉及广大职工群众的切身利益，加强劳动关系调整工作是协调劳动关系双方利益，维护双方特别是劳动者合法权益的重要手段，是化解社会矛盾、保持社会稳定的重要措施。

劳动关系和谐是社会关系和谐的基础。企业是劳动关系发生的主要集中地，和谐社会必须要有和谐稳定的劳动关系。劳动关系是直接搭建在劳动者和用人单位之间的一座桥梁，与每个劳动者的生活息息相关。劳动关系和谐稳定的一个关键环节和重要内容，就是贯彻落实《中华人民共和国劳动合同法》的各项规定，在企业普遍建立并完善劳动合同制度，形成科学合理的利益分配机制，协调好在岗人员的利益关系，处理好不同劳动合同人员等群体的利益关系，实现相对公平。

劳动关系是伴随整个职业生涯过程中的，在对待劳动关系中，要科学地认识和理解劳动关系制度。我国实行公有制为主体、多种所有制经济共同发展的基本经济制度，但是由于经济发展和历史等原因，劳动关系仍然一定程度存在不平等性、不对称性等复杂情况。遵守符合《中华人民共和国劳动合同法》及按照其根本原则制定的劳动合同制度，是职业生涯的基本操守，也是营造自身和谐的职业经历的基本保障。

（三）规章执行的是企业和谐的灵魂

没有规矩，不成方圆。严密的规章和科学的管理是企业立于不败之地的根本，是企业稳定和谐发展的有力保障。在规章执行的过程中，以下三点尤为重要：

（1）制度执行要精细。企业应以现场管理为突破口，紧紧围绕提高效率、保证质量、降低物耗、安全生产、文明秩序，使各项专业管理优化延伸到位，提高现场管理水平。通过开展整理、整顿、整洁、清扫活动使作业现场整洁有序；通过各项制度执行、考核到位，减少或杜绝违纪现象的发生；通过严格岗位责任制和绩效考核制度，提高劳动效率，降低生产消耗。通过安全生产的关键部位监控，杜绝违章操作，消除事故隐患。

（2）制度管理要严谨。企业应以制度管理为基础，通过制度的落实来实现生产的稳定、人际关系的和谐，要严格按照规章制度办事，尤其是保证安全生产。安全生产事关广大职工的生命和财产安全，事关企业的稳定和发展，没有安全，就没有稳定，和谐企业也就无从谈起。

（3）考核管理要公正。公平公正管理，这是衡量企业和谐的一条标准，也是稳定职工情绪、促进企业发展的必要保证。要制定公正的考核制度，保证在制度面前人人平等；要把握公平公正的原则，在管理过程中，以尊重人为出发点，对事不对人，进行合理裁决；要本着以企业大局为重的思想，秉持公心，正确处理各种矛盾。

（四）制度是企业文化的具体表现

先进的企业文化是建设和谐企业的强大精神支撑。企业和谐说到底是人的和谐，构建和谐企业核心就是要以人为本，在管理中注入情感的关怀，把企业建设成为精诚团结、蓬勃向上的和谐企业，是构建和谐社会的重要内容。企业要大力加强企业文化建设，营造尊重人、理解人、关心人、爱护人的良好氛围，使广大职工确立正确的价值观和行为导向。企业应以稳定保和谐，以发展促和谐，以创新推和谐，以公正求和谐，以优秀的企业文化育和谐，努力实现经济效益和社会效益的统一。在改革不断深化的新形势下，企业特别要加强思想引导，帮助广大职工认清形势、顾全大局，正确对待改革中的利益关系调整，珍惜来之不易的安定局面，激发他们旺盛的工作热情，为企业发展、社会和谐尽心尽力。

职工群众是建设和谐企业的主力军，建设和谐企业必须充分调动和发挥广大职工群众的积极性、主动性、创造性。这就要求把维护职工群众的根本利益作为企业一切工作的出发点和落脚点。企业应加强民主管理和民主监督，建立畅通的信息交流通道，收集职工的意见，维护职工的合法权益。关心职工生活，推进送温暖工程，做好暖人心、稳人心、得人心的工作，在实现企业盈利长期稳步增长的同时逐步提高职工的福利水平，不断增强企业的向心力和凝聚力。

┃延伸阅读┃

阅读材料一：规章出效益

华东地区某发电厂，是电力行业第一个按国际管理和现代公司制组建，具有独立法人地位的合资企业。该厂在中国电力建设历上首次探索出一条自建、自营、自管、自我约束、自我完善、自我发展的成功之路，被称为"电力体制改革的第一块试验田"。这一成绩的取得，关键是该电厂科学地构建了现代企业规章制度，并依靠规章制度，实现了高效的人事管理运行机制。

该电厂组建之初，就坚持建立现代企业制度约束下的各项规章制度，从生产经营实际出发，设立精简、高效的内部机，通过高度集约化的指挥体系精简多余管理人员，坚持先定岗后选人，参照规章标准选拔引进人才。通过规章约束，该厂员工人数比同类发电厂减少人员 60%，平均年龄 28 岁，达到专业技能、工作经验、年龄结构多方面的优化组合，定员标准、员工素质都达到行业一流水平。在劳动关系上，上至总经理，下到一般员工全部实行契约管理，责任权利均已合同方式明确，合同期限一般为 3~5 年，对有特殊贡献员工，企业与其签订长期合同工，在人事管理上取消了干部与工人的身份界限，强化表现。对员工上岗实行宏观控制，动态管理。无论是生产岗位还是管理岗位均按照公开、工作、公平竞争的规章优胜劣汰，实行竞争聘用、竞争上岗。在分配上，依照规章进一步推行工资制和奖金制度，工资靠岗位，奖金凭贡献，形成分配新格局。

在管理上，依照规章对企业各项工作进行目标定位，严考核、真奖罚，领导带头自加压力、关死后门。同时通过企业文化等方式不断提高员工道德情操，使法制与人治相结合，鞭策与激励并举，提高了员工遵纪爱岗、自我管理的自觉性。正因为这些规章的存在和有序实施，紧紧吸引着全体干部职工为之奋斗，为企业创造高效益不断前进。

思考题

规章与和谐的本质在于"以人为本"的思想，对此你是如何理解的？

第二节　规章保障安全

一　安全的基本概念

安全是人类文明的体现，是社会进步的标志，是企业经营永恒的主题。它涉及经济建设和社会生活各个领域以及人民群众衣食住行各个方面，直接影响到社会稳定、经济发展和人民生活。社会稳定需要和谐稳定，人民需要安居乐业，职工需要劳动保护，企业需要稳步发展，因此，实现安全是事关社会安定和谐、人民安康幸福、企业持续发展的大事。

（一）安全、安全生产与安全生产管理

1. 安全

安全是指不受威胁，没有危险、危害、损失，是免除了不可接受的损害风险的状态，是在生产过程中，将系统的运行状态对生命、财产、环境可能产生的损害控制在能接受水平以下的状态。按照系统安全工程的观点，安全是人民对生产、生活中是否可能遭受健康损害和人身伤亡的综合认识。安全是电力企业正常经营的基础和前提，电力企业一直以来把安全作为企业生产、发展、壮大和保障社会稳定的头等大事。电力企业的安全是企业发展的最重要环节，其对企业的持续和谐发展和效益提高有着重大影响，直接关系着每一位员工家庭的幸福。

2. 安全生产

安全生产是为预防生产过程中发生人身、设备事故，形成具有良好劳动环境和工作秩序而采取的一系列措施和活动。根据现代系统安全工程的观点，安全生产，一般意义上讲，是指在社会生产活动中，通过人、机、物料、环境的和谐运作，使生产过程中潜在的各种事故风险和伤害因素始终处于有效控制状态，切实保护劳动者的生命安全和身体健康。

安全生产事关人民群众生命财产安全和社会稳定大局，必须充分认识安全工作的极端重要性和特殊地位，始终把安全工作摆在各项工作的首位。电力企业强化安全生产，保障电力可靠供应，不仅是企业生存和发展的根本基石，更是维护社会和谐和经济发展的重要基础。

3.安全生产管理

安全生产管理就是针对人们在生产过程中存在的安全问题，运用有效的资源，发挥人们的智慧，通过人们的努力，进行决策、计划、组织和控制等活动，实现生产过程中人与机器、物料、环境的和谐，达到安全生产的目标，它是企业管理的重要组成部分。

安全生产管理的基本对象是企业的员工，涉及企业中所有人员、设备设施、物料、环境、财务、信息等各个方面。安全生产管理的内容包括安全生产管理机构和安全生产管理人员、安全生产责任制、安全生产管理规章制度、安全生产策划、安全培训教育、安全生产档案。

（二）事故与事故隐患

1.事故

事故是指生产、工作上发生的意外的损失或灾祸。安全生产事故指生产经营活动中发生的造成人身伤亡或者直接经济损失的事件，分为特别重大事故、重大事故、较大事故和一般事故。

2.事故隐患

事故隐患是指潜藏着的灾祸，安全生产事故隐患是指生产经营单位违反安全生产法律、法规、规章、标准、规程和安全生产管理制度的规定，或者因为其他因素在生产经营活动中存在可能导致事故发生的物的危险状态、人的不安全行为和管理上的缺陷。

（三）危险与危险源

1.危险

危险是指系统中存在导致发生不期望后果的可能性超过人们的承受程度。从危险的概念可以看出，危险是人们对事物的具体认识，必须指明具体对象，如危险环境、危险条件、危险装填、危险物质、危险场所、危险人员、危险因素等。

2. 危险源

从安全生产角度解释，危险源是指可能造成人员伤害、疾病、财产损失、作业环境破坏或者其他损失的根源或状态。危险源可以是一次事故、一种环境、一种状态的载体，也可以是可能产生不期望后果的物的故障、人的失误、环境不良及管理缺陷等。

⬤ 规章在保障生产安全中的作用

在安全生产工作的各个环节中，人是最为活跃的因素，高质量的员工队伍是安全工作最重要的基石，不合格的员工是安全工作最大的危险源。据研究资料表明，90% 以上的事故是由人的不安全行为造成的，而造成不安全行为的根本原因就是从业人员安全意识不强，安全习惯不良，缺乏应有的安全知识和安全技能。

电力企业安全生产的经验教训告诉我们，预防事故，实现安全，必须建立安全管理的长效机制，这是防患于未然，保证职工生命安全及身体健康，保障企业长治久安，稳定发展的根本措施。电力企业安全的内容主要包括人身安全、电网安全、设备安全和信息安全四个方面。

（一）电力企业安全的内容

人身安全是电力安全的重要组成部分，关系到家庭幸福和社会稳定。人身事故一旦发生，不但让家庭变得支离破碎，给亲人的心灵带来创伤，还会影响到其他职工的工作积极性，甚至产生不良的社会影响。由于电力行业的生产特点，电力生产作业环境中的电力设备、运行操作、带电作业、高处作业等都存在大量危险源，涉及专业非常多，发生人身事故的风险很大，因此避免人身伤亡事故，是电力企业安全的首要工作。由于电网的公用性特点，电网事故影响面大、蔓延速度快、后果严重，大的电网事故甚至可能带来政治、经济混乱，甚至危及国家安全。此外，电力客户分布各行各业，电网安全的最终目标是为广大客户提供安全、可靠、优质的电力供应，保障用户特别是高危和重要客户可靠供电，防止因电网事故引发的次生灾害，也是电网企业安全工作的重要内容。电力是资金和技术密集型产业，电力设备价格昂贵，技术成本高，电力系统运行中，任何设备发生事故，都可能造成供电中断、设备损坏、人员伤亡，使人民生活遭受严重损失，同时也会直接导致电网事故。所以健康完好的电力设备是电网安全运行的物质基础和重要保障。随着社会对电力需求和依赖性越来越大，对安全可靠供电的要求越来越高，保证设备安全也是电网企业安全工作的重要内容。随着电力信息化建设和应用高潮的到来，信息安全问题早已日益突出，并成为国家安全战略的重要组成部分。严格的规章可以在一定程度上限制安全生产事故的发生，继而保证企业生产经营和社会经济发展的稳定运行。

（二）制度如何确保安全

1.制度杜绝思想上的不安全行为

从制度抓安全管理工作，思想教育是基础。通过制度化开展安全教育活动，坚持以人为本的原则，在员工中强化"安全来自警惕，事故源于麻痹"的安全观、"严管是爱，放任是害"的管理观、"抓好安全是功臣，出了事故是罪人"的责任观。在实施安全教育的过程中，及时把员工的思想情况摸真、摸全、摸透，教育员工时刻保持清醒的头脑和清晰的认识，从思想上杜绝不安全行为的发生。

2.制度促进工作上的观念转变

通过制度约束，强化员工内心工作观念的两个转变。一是由"重生产、轻安全"向"安全第一、生产第二"转变，要求员工坚决摒弃的错误观念，扭转对于安全事故错误认识和侥幸心理，真正处理好生产与安全的关系，杜绝违章作业和不安全等行为，以此增强员工的责任心，促进作风转变，为实现安全生产提供保障。二是由"经验管理"向"制度管理"的转变，坚决摒弃落后的"凭经验抓安全"的落后办法，全面执行安全管理的一系列规章制度、大力实施精细化管理，积极倡导"安全核心在人，关键在管理"的理念，提升安全管理水平与层次，实现由"保障生命"到"维护健康"的飞跃，确保实现安全生产。

3.制度落实安全管理重点

通过制度约束，从管理上杜绝不安全行为的发生。抓安全管理工作，管理细实是关键。牢固树立"安全生产无小事"的思想观念，坚持"安全责任入心、安全理念入脑、安全管理入手、安全监督入眼"的理念，突出重点，全方位加强安全管理，夯实电力安全基础，从管理上杜绝不安全行为的发生。一是从制度上不断规范员工的安全行为，将安全行为以制度的形式融入生产中，并与薪酬待遇直接挂钩。二是严格落实安全监督检查和安全专项检查制度，最大限度消除现场安全隐患。三是积极开展业务素质全面培训，规范员工安全文明行为，提高员工自主保安意识。

┃延伸阅读┃

阅读材料二：从"要我安全"到"我要安全"

国家电网某电力公司积极贯彻国家安全生产决策部署和上级电力公司安全生产工作要求，坚持"安全第一、预防为主、综合治理"的工作方针，以安全质量和效率效益为中心，狠抓安全生产管理不放松。通过制定规章落实公司各级安全第一责任人制度，坚持安全工作与业务工作同安排、同推进、同落实、同检查、同考核，以规章的形式约束全体员工严格履责做好执行；在生产层面，通过规章固化安全生产"三会"要求，做到没有通过"三会"安排的任何工作，领导不批复、调度不下令、现场不开工；以颁布公司规章的形式，切实规范票卡执行、安全措施落实、作业人员行为，确保现场作业全过程安全，同时以规章强化管理严抓监督追责，成立两级稽查组严肃查处各类违章和不规范现场，持续加强对管理干部履职的监督，对现场监督缺位、把关不力的情况进行通报，增强反违章力度，不断提升专项监督穿透力，以春安、秋安大检查为契机，进行"地毯式"隐患排查，根据季节和专业特点，开展变电防误操作、防小动物、供电所安全、交通消防等一系列专项监督，范围覆盖各大办公、生产场所。

在公司规章制度的约束和激励下，每位干部都在认真履职，每位员工都在尽职尽责，该电力公司已实现连续安全生产5000余天，正在为实现更长的安全生产周期、加快建成"一强三优"现代公司目标，持续不断地努力奋斗。

阅读材料三：汶川地震中的奇迹

2008年的"5·12"汶川大地震共造成69227人死亡，374643人受伤，17923人失踪，是中华人民共和国成立以来破坏力最大的地震。在地震重灾区四川安县某中学，却出现了抗震奇迹——全校2200名学生，上百名教职工无一伤亡。

该校自2005年开始就设立起适用于突发事件紧急疏散的规章制度，要求每一学期都在全校组织一次紧急疏散演习，同时根据教室位置规划固定好每个班的疏散路线：两个班疏散时合用一个楼梯，每班必须排成单行；每个班级疏散到操场上的位置也是固定的，每次各班级都站在自己的地方，不会错。教室里面一般是9列8行，前4行从前门撤离，后4行从后门撤离，每列走哪条通道，学生们早已从紧急疏散规章制度中得知。同学们事先还被告知，在2楼、3楼教室里的学生要跑得快些，以免堵塞逃生通道；在4楼、5楼的学生要跑得慢些，否则会在楼道中造人流积压。

刚搞紧急疏散时，学生当是娱乐，大半孩子除了觉得好玩外，部分老师还认为多此一举，有反对意见。但是该校领导班子坚持该项规章制度。后来，学生、老师都习惯了，每次疏散都井然有序。

"5·12"汶川大地震，学生们正是按着平时学校要求、他们也练熟了的方式疏散的。得益于平时的多次演习。地震发生后，全校数千师生，从不同的教学楼和不同的教室中，全部冲到操场，以班级为组织站好，用时 1 分 38 秒。学校所在的安县紧临着地震最为惨烈的北川，学校外的房子百分之百受损，校内 8 栋教学楼部分坍塌，全部成为危楼。

当通信恢复后，该校老师们接到家长的电话，会扯着大声骄傲地告诉家长："我们学校，学生无一伤亡，老师无一伤亡！"

思考题

结合实际，谈谈如何理解规章保障安全？

第三节　反习惯性违章

一　习惯性违章的概念

（一）习惯性违章的分类

习惯性违章是指在生产作业过程中由于没有认识而违反安全工作规程，或者有章不循，固守和坚持旧有的不良工作习惯、工作传统，呈现出长期反复发生的不安全行为。习惯性违章大致可以分为习惯性违章作业、习惯性违反劳动纪律、习惯性违章指挥三类。但不管哪一类习惯性违章行为，都是违反企业生产客观规律和安全规程的行为方式，是长期形成的一种违章行为，并且常常表现出群体性。究其原因，是因为部分职工不了解生产规程、规章制度及作业中应采取的防范措施，导致安全意识薄弱，或是因为长期以来生产中养成随心所欲的习惯，从而对安全生产造成巨大的潜在安全隐患。

（二）习惯性违章与事故

在正常的生产过程中，当发生习惯性违章，并且外界的客观条件达到一定的程度，就会引发生产事故违章。由于习惯性违章会在生产中反复出现，在群体中相互影响，不断侵蚀企业原有的安全文化，因此成为生产过程中发生最多的违章行为。正因如此，习惯性违章也正成为发生安全事故的重要因素，它不但危及电力企业安全生产和电网的安全运行，给整个社会经济的正常发展和人们正常生产生活带来巨大影响，还会严重威胁群众的生命安全和身体健康。因此，必须有效地开展反习惯性违章工作，实行行之有效的管理措施，将习惯性违章的发生降低到最低水平。

习惯性违章多是因无知或长久形成的习以为常、散漫等个性使然，已经形成一种习惯的行为方式，且自己对危险行为没有认识，或者虽有认识却放任不理。因此，这种由心理支配的行为方式具有顽固性的特点，如果支配违章行为的心理没有得到改变，习惯性违章行为也就不会实现真正的改变。不遵守相关规章制度、安全规程，这也是习惯性违章和其他违章行为所具有的共同特征。这里的违章泛指违反所有安全规定，包括国家制定的法律、法规、条例，行业、企业制定的安全技术规程、技术标准等，以及企业内部为规范职工行为而制定的规章、管理规范、设备使用要求等。

（三）习惯性违章的危害

违章行为会导致生产事故的发生，由于违章程度不同，不一定每次违章都会发生事故。特别是习惯性违章，在其他技术规范的制约下，往往在很多情况下较少发生事故，因此，其危险性常常被隐蔽，时间一长，职工就对这些不安全行为放松警惕，对严格的管理和技术标准产生逆反心理，形成习惯成自然的违章结果。

习惯性违章在生产实践中反复出现，一个很大的原因便在于它具有方便性的特点。电力企业要保证安全生产，就必须依靠一套严格的操作技术规程，然而，在很多人眼里，这些技术标准是复杂繁琐的，而实际生产中采取的一些简易方法，具有省工、省力的特点，并且更加顺手和方便；此外，在处理生产中的一些具体问题时，这些具有潜在威胁的行为方式比正规的技术方式花费的时间更短，付出更少的劳动。

习惯性违章由于操作方便，危险特性隐蔽且可减小劳动强度，因此，这种行为方式常常在职工、群体中相互影响，不断传递。特别是企业的领导和一些老职工，如果其身上存在这种不良习惯，不但会影响自己的生产安全，更会对整个单位的安全文化产生负面的影响。比如，当领导不注重自己的行为，随意指挥、随意违章，其他职工见后往往会跟着效仿，久而久之，整个生产企业的生产技术规程、规章制度便成为一纸空文，生产安全难以保证。当老职工身上存在这种不良习性，生产过程中不按技术规定随意操作和作业，有新职工加入这个群体时，如果发现老职工的行为既省时、省力，又简单方便，自然会盲目学习。习惯性违章的行为方式就这样从一个人感染到另一个人，从一个群体感染到另一个群体，从一代人传递到另一代人身上，不断地扩大对安全生产的危险，不断提升生产中的危险因素。

■ 习惯性违章产生的原因

人是企业生产环节中的一个非常活跃的因素，并且行为的规范程度直接影响着电力企业的生产安全和生产效率。人的生产行为往往是在企业组织管理的影响下产生的，因此具有很强的计划性和目的性；然而人的行为又直接受情绪、心理、思维的支配，并受安全意识的直接影响，因此，又具有很强的变化性、可塑性和差异性。

（一）习惯性违章的外部原因分析

习惯性违章的发生是个体在与生产管理组织的相互关系中决定的，是受心理支配的外部活动的一种具体表现。具体来说，个体在操作过程中表现出习惯性违章时，已经经过了一个从接受外界信息到对繁琐信息进行处理再到行为输出这个复杂过程。

在电力企业进行安全生产过程中，周围存在着大量的信息，这些信息中既存在有用信息，如设备的运行状态、工作指令，也存在很多无用信息，如环境噪声等。职工正常进行作业，总是在不断重复感知、判断、行为输出的过程中，任何一个环节的错误都将导致习惯性违章的发生。由于个体在对信息进行判断并做出决策过程中，受心理状况的影响很大，因此，在分析习惯性违章的原因时，从违章人员的心理特征入手最具实际效用。

造成习惯性违章的外部原因有以下几个方面：

1. 自身的盲目无知

对信息做出正确的区分和判断，需要以可靠的知识、技能为依据。对于一些刚走上工作岗位的职工或者转岗的职工，由于其往往对本岗位工作不熟悉，对安全技术、系统知识掌握不全面，对安全工作规程也没有充分了解，在面对外界繁杂信息时，往往没有能力进行正确的分析判断，对危险信息也不能清楚认识，在行为做出时就带有更多的随意性和盲目性。并且在以后处理相同生产问题时，往往先入为主，用之前可能错误的方法应对，形成习惯性违章，大大增加了安全事故发生的可能性。

2. 情绪的影响

职工在对信息进行分析判断过程中，很容易受到个体心理特征及情绪的影响。对于那些暴躁、易冲动的职工，在遇到紧急情况的时，推理程序便被打乱，在理智成分大大降低的同时，本能反应增加，往往做出一些具有潜在风险的决策。

3. 记忆和判断错误

电力企业涉及繁杂的工作项目，且每个工作项目都拥有一套规范的操作程序，如果在工作当中对这些安全事项不能熟练掌握，在遇到问题需要解决时出现规程的混淆或者遗忘，势必会造成违章的发生。

4. 行为错误

职工的习惯动作与技术要求不符合也会造成习惯性违章。习惯动作是个体在长期生产劳动过程中形成的，具有较高稳定性的行为模式。如果习惯性行为形成，那么在遇到任何情况，人都会很自然的付诸实施，即使认识到这种行为有危害，一旦遇到紧急情况，往往无暇思考，本能地会用习惯动作代替生产规程要求。即使操作者要下决心改变该种行为模式，其身体也会产生有意识的反抗。

（二）习惯性违章主要心理分析

如果说以上原因主要是外部环境对员工个体造成的心理影响，那么以下这些因素就主要是员工的内部心理影因素，它们与外部的环境相互交织，共同造成员工习惯性违章的发生。

1. 从众心理

从众，即从大流，是模仿他人的行为，并使自己的行为与他人的行为相趋同的行为方式。从众一般有两种情况，一种是跟随社会的发展潮流和企业的发展趋势，以谨慎的态度兢兢业业的工作；而另一种从众是跟随一些游离于企业文化之外的非正式群体，别人怎么做自己就怎么做，导致对企业的技术规程、规章制度不以为然，工作粗心大意。

2. 散漫心理

在电力生产当中，另一类常见的习惯性违章心理是散漫心理，该类职工在工作中往往疏忽大意，对工作不严谨，对什么事儿都随随便便；不愿意接受规章制度的约束，也缺乏执行技术规程、遵守企业纪律的观念。具有该种心理特征的职工，平时不注重自身素质的提高，不注重安全知识的学习，以满不在乎的心态对待工作，自然容易引发安全生产事故。

3. 慌乱心理

慌乱心理在电力生产过程中也比较常见，具有这种类型心理特征的职工，主要是因为在面对一些重大事件或者突发状况时，思想高度集中并过于紧张，致使思维活动紊乱，无法以平和的心态科学对待异常情况，从而工作失去章法，增大了生产事故发生危险。慌乱心理状况出现比较多的情况有：新职工刚开始工作时，由于操作技术不熟练，再加上新环境的刺激，在面对问题时往往惊慌失措；对于经验丰富的老职工，在面对新设备的使用时，由于不熟悉操作规程，也会出现操作慌乱的现象；受社会、家庭环境等客观条件影响，过于兴奋或压力过大，情绪自然会出现波动，出现烦躁、思想分散、不能自控的状况；在一些特殊时期，如安全生产要求特别严格的时期，一些职工也会出现过于紧张的情形，压力过大会影响一个人正常的思维和行为方式。

4.冒险侥幸心理

冒险侥幸心理是导致习惯性违章的另一个重要心理特征，具有该类心理特征的职工，往往具有从事本工作的系统理论知识，也比较了解安全技术规程，但因为曾经采取的冒险尝试比较简便且没有出过意外，就在以后的工作中反复重复，逐渐形成了忽视危险的定势心理，将冒险蛮干视为简便途径而予以肯定。具备该类心理的职工明白自己的行为具有一定的危险，但按照规范操作要花费更多的劳动和时间，为了使工作更省力、更省时，往往以"不会那么倒霉""这次应该不会有什么问题"等心态进行违章操作，这就是典型的侥幸心理。他们常常认为灾难不会落到自己的头上，从而不断地实施自认为更加简易、便捷的方法，最终只能增加安全事故发生的危险。

5.懈怠心理

在电力生产中，懈怠心理也是经常出现的一种心理特征。具有懈怠心理的职工在行为上，常常表现为不认真学习安全知识和技术规范；在从事一些工作一段时间后，常常心生厌倦，思想开小差，警惕性下降；工作中常常无精打采，没有工作热情。对待本职工作时降低标准，注意力不集中，反应迟钝。懈怠心理的发生通常有两种情形，一种由职工自身的性格导致的对工作没热情、工作不积极和思想难以集中；另一种则是间断性的，往往随着工作时间的推移而间歇性的出现。

（三）如何反习惯性违章

1.加强教育培训

面对习惯性违章，职工只有掌握着系统的安全知识，才有可能在日常生产活动中合理的采取防范措施，提高自身应对突发情况的能力，保障生产作业的安全。只有职工具有相应的生产技术，才有在生产作业中不发生技术性失误的可能，避免安全生产事故的发生；此外，必须不断加强安全意识，才会在生产过程中真正重视技术规程和规章制度的重要性，也才能真正照章操作，避免习惯性违章发生。因此，反习惯性违章，需要企业大力加强职工的各项教育培训。由于一个企业中员工的知识水平、技能层次并不相同，对于反习惯性违章的教育培训可以分为三部分进行：

（1）入职培训。新职工在面对新的工作环境和新的工作任务时，往往因缺乏相应的安全知识和技能而手忙脚乱，不但不利于安全生产，久而久之，一些错误的操作方法便形成习惯，直接给企业的安全生产留下巨大的隐患。做好新员工入职培训，让他们从一开始就养成良好的生产习惯，树立较高的安全意识，把好反习惯性违章的入口关。

（2）日常教育。日常教育是指贯穿于职工日常工作中的教育培训部分，很多电力企业开展的每周安全例会、每天工作进行前的班前会就是日常教育。日常教育可以通过日常的言行教导使职工受到耳濡目染的熏陶，有利于良好生产习惯的培养，为标准化作业及危险点控制打下良好的专业基础，使日常教育真正能收到实效，达到教育培训的目的。

（3）事后教育培训。事后教育培训是在安全生产事故发生后，开展针对事故发生原因分析的教育培训方式。安全生产事故的发生往往对一个企业产生较大的影响，对职工也会产生巨大的震动。及时分析总结事故原因，特别是习惯性违章问题，在职工中开展学习讨论，以实例提高职工对安全生产的重视和对习惯性违章管理的重视。此外，通过事故发生原因的分析，加强对潜在隐患的处理，对生产过程中的一些技术盲点，及时总结对策，强化职工技能培训，力争避免同类情况的习惯性违章行为再次发生。

2. 加强心理管理

从前面习惯性违章主要影响因素分析中可以看出，心理特征是影响习惯性违章行为发生的一个因素，不健康的心理状态会促使职工不断重复违章行为，即使知道自己所做出的行为是错的。因此，真正的控制习惯性违章行为的发生，就需要关注职工的心理健康，特别是从事安全生产员工的安全心理，及时发现问题，及时提供专业的心理咨询和培训，维持员工的心理健康，避免心理问题影响安全生产水平。

　　对此，电力企业可以在职工进入企业工作之时，就通过一定的心理压力问卷或者心理健康问卷检测员工的心理健康状况和心理承受能力，并建立相应的心理健康档案，将问卷所检测的有关员工心理压力水平、性格特征等进行认真记录，作为此后员工心理健康咨询和培训的基础。此外，企业还可以建立心理咨询办公室及心理减压室等，帮助员工调节心理压力和解决心理问题，缓解员工的焦虑情绪，纠正不健康的工作心理，保证其在工作中的健康心态。在日常生产过程中，对员工心理状态持续性的关注是不可缺少的，特别是针对那些心理承受能力较低的员工，当存在不利于安全生产的心理时更要及时干预。由于人都具有较强的可塑性，科学的培训和学习可以在很大程度上提高心理素质和技术能力。因此，当在生产过程中发现存在影响安全生产的挫折、焦虑、紧张等心理问题时，企业就需要及时对这些员工开展心理疏导与关怀，通过多种手段解决不良心理问题，并使员工学会自我调整，加强自我保健，从而在工作中保持一个健康和积极的状态，避免违章行为的发生，提高企业的安全生产水平。

　　3. 塑造良好的工作环境

　　良好的工作环境是电力企业职工进行日常生产的外部条件的总和，既包括物质环境，也包括精神环境，良好环境可以给职工营造一个舒心的工作氛围，有益于企业安全生产。反习惯性违章，需要职工保持高度的责任心和安全生产意识，充分利用安全文化的力量，以一个健康向上的企业安全文化实现对职工行为的无形约束。通过构建安全精神文化，树立职工安全意识。习惯性违章是在长期的生产操作中养成的习惯性行为，多数情况下行为人知道违章的危险后果，但由于不能克服不良心理，才不断使违章行为得到重复。

　　企业可以通过定期开展安全研讨、交流活动，不断地向职工宣传安全理念，通过宣传栏、网络等方式提升职工对安全理念的认知程度，从而在大的生产环境中树立起善待生命的精神文化，在企业中营造一个依规章、讲安全的良好文化氛围，使人人树立起安全第一的生产理念，将个人违章行为视为工作中的耻辱，从根本上改变违章者的心理障碍，让他们在以后的工作中能从作业标准出发，自觉抛弃违章行为的捷径，提升企业安全生产水平。

构建安全行为文化，培养职工良好行为习惯。安全行为文化的构建就是要在企业内部培养一种具有强大导向力量的良好文化，培养职工遵守操作规范的主流氛围，从而形成一种不违章的强大习惯势力。此时，违章行为由于显得与主流文化格格不入，行为主体就会自觉的选择遵守规程的安全行为。为了构建企业安全行为的主流文化，企业可以对现实中存在的影响安全行为文化的因素进行分析研究，采取措施改变这些不利因素，再加大对安全行为文化的宣传，不断营造安全生产工作的良好氛围，最终实现安全行为文化对违章行为的纠正和改造。

4. 控制工作中的危险点

电力生产中的习惯性违章，一方面归因于行为人淡薄的安全生产意识，但另一方面，电力生产过程中确实存在着一些事故易发点，常见如设备的安全隐患点和人的失误操作等。这些危险点的存在，就成为诱发事故的隐患，虽然这些危险本身有极大的不确定性，危险引发因素以及危险引起的损害程度往往都无法预料，但人的习惯性违规行为无疑是导致危险真正发生的重要因素。

在进行危险点预控时，可以分三个阶段进行，即系统安全分析、系统安全评价和系统安全措施。系统安全分析阶段，要根据一定的技术依据，如事故教训、经验、安全规章制度、专业技术规范等，分析人、机、环境的相互关系，从中找出可能出现习惯性违章的因素，以及习惯性违章行为导致安全生产事故的条件。在系统安全评价阶段，主要是对系统安全分析阶段得出的可能引起习惯性违章因素进行综合评价，以便明确问题的重点和难点，分清问题的轻重缓急，便于问题的处理。在系统安全措施阶段，则需要根据系统安全评价的结果，采取有针对性的方法措施，考虑重大危险设备的事故严重度和事故发生频度，应用概率论方法对风险度进行定量评价，建立定量概率风险评价表，并采取措施进行控制，真正避免习惯性违章行为的发生。

5.实行标准化作业管理

企业应建立起自己的一套标准化、系统化的管理机制，将生产过程中的各项工作和程序细化，形成相应的生产操作规程，保障员工对这些规程的遵守和实施，使企业生产全过程实现标准化作业和管理，才能够保障员工行为符合安全生产的要求，也才能够将安全生产落到实处。

电力企业要进行标准化作业管理，首先要制定相应的标准化作业程序要求，这个过程需要坚持"安全第一、预防为主、综合治理"的方针，保证标准化作业程序能够保障企业安全生产，符合我国安全生产法律法规、技术规程、安全生产保证体系及安全生产监督体系的要求，使程序能够达到作业的具体要求，并实现工作人员和工作责任的明晰和确定，从而增强标准化作业程序的实用性和可操作性，也方便日后对标准化作业的考核和监督。标准化作业的内容广泛，可以涉及企业生产的各个方面，电力企业最常见的标准化作业有工作票制度等。此外标准卡操作方式也是落实标准化作业的重要内容，标准卡操作方式，如设备检修工作标准卡、设备运行巡视标准卡等，通过将生产过程需要的各个步骤有机融合在一起。作业时，工作人员需要按照标准卡上的要求进行，上一个步骤完成后才能继续下一个步骤，从而实现作业内容的融会贯通。标准化作业不但体现了作业在纵向上的紧密联系，也体现了作业在横向上的互控性。下面的通过三个案例来体会一下标准化作业在安全生产中的重要作用。

案例一：某施工工地，一名戴着未系下颚带的安全帽的工人从起重机吊起的空心砖框下经过时，钢筋空心砖框将空心砖挤压破碎，其中一块空心砖碎块将这名工人的安全帽打翻掉落，另一块碎块砸中其头部，经送医院抢救无效死亡。

案例二：某施工工地，一名戴着未系下颚带的安全帽的工人负责在起重机下将竹笆捆扎后悬挂到吊钩上，当竹笆吊起后，突然一片竹笆掉落下来，正好砸中其安全帽帽舌，将安全帽打翻在地，这名工人本能地后退时，不慎跌倒，后脑撞击地面，经医院抢救无效死亡。

案例三：某施工工地，一名戴着未系下颚带的安全帽的工人在 1.5 米左右高的脚手架上作业时，不慎坠落地面，坠落过程中安全帽离开头部，该工人后脑部直接撞击地面，经医院抢救无效死亡。

上述人身伤害事故发生的原因都是安全帽没有系下颚带造成的，在生产活动中，多数职工都能够正确认识佩戴安全帽的作用，但由于散漫心理，在工作中疏忽大意，对正确佩戴安全帽态度不严谨，不愿意接受规章制度的约束，也缺乏遵守企业纪律的观念。再加之在以往的工作中，未正确佩戴安全帽并未导致安全事故的发生，从而加重了懈怠心理，对佩戴安全帽系下颚带这种正确规范行为心生厌倦，思想开小差，警惕性有所下降，从而导致人身伤害事故的发生。

┃延伸阅读┃

阅读材料四：一颗钉子毁灭一个帝国

在西方民间流传着"一颗钉子毁灭一个帝国"的故事，那是一件发生在 1485 年的事情，英国国王查理三世准备和兰开斯特家族的亨利决一死战，此役决定着英国的前途和命运。

战斗打响之前，查理派马夫装备自己最喜欢的战马。马夫发现马掌没有了，于是，他对铁匠说："快点给它钉掌，国王希望骑它打头阵。""你得等一等，"铁匠回答，"前几天，因给所有的战马钉掌，铁片已经用完了。""我等不及了。"马夫不耐烦地叫道。铁匠埋头干活，从一根铁条上弄下可做四个马掌的材料，把它们砸平、整形、固定在马蹄上，然后开始钉钉子。

钉了三个马掌后，铁匠发现没有钉子来钉第四个马掌了。"我缺几个钉子，"他说，"需要点儿时间砸两个。""我告诉过你我等不及了。"马夫急切地说。

"没有足够的钉子，我也能把马掌钉上，但是不能像其他几个那么牢固。""能不能挂住？"马夫问。

"没问题！"铁匠回答，"我这样做过好多次，没有哪次出了问题的。""好吧，就这样，"马夫叫道，"快点，要不然国王会怪罪我的。"铁匠凑合着把马掌挂上了。

很快，两军交战了。查理国王冲锋陷阵，鞭策士兵迎战敌军。突然，一只马掌掉了，战马跌倒在地，查理也被掀翻在地上。受惊的马跳起来逃走了，国王的士兵也纷纷转身撤退，亨利的军队包围上来。查理在空中挥舞宝剑，大喊道："马，一匹马，我的国家倾覆就因为这一匹马。"

于是，从那时起人们就传唱着这样一首歌谣："少了一个铁钉，丢了一只马掌。少了一只马掌，丢了一匹战马。少了一匹战马，败了一场战役。败了一场战役，失了一个国家。"

思考题

1.结合实际谈谈在暂时没有车辆通过的情况下闯红灯过马路是否属于习惯性违章?

2.结合习惯性违章的心理因素，分析下人们闯红灯时的心理活动。

第七章
自觉执行

📖 本章导读：

执行是指企业员工理解、贯彻、落实和实施企业战略方针、战略举措和发展目标等，具体来说就是在一定时间内以一定的行动完成既定的任务。执行最终体现的是结果，员工有较强的执行力，企业才能有竞争力。自觉自愿是在没有外在力量的驱动下，主动、高效地完成一件事，自觉自愿执行的员工是最好的执行者，他们的驱动力发自内心，这样才能将一件事做到最好。唯有自觉执行才能积极执行、迅速执行、高效执行和完美执行。

通过本章学习，能使学习者了解自觉执行的内涵，明确自觉执行是职业精神的重要组成部分，从明晰目标、学会服从、有效管理时间和养成好习惯四个方面培养自己自觉执行的习惯和能力，从而拥有强大的执行力。

📌 学习目标：

1. 明确自觉执行的内涵。

2. 正确理解明晰目标、学会服从、有效管理时间和养成好习惯的内涵。

3. 学会 SMART 原则并使用该原则制定目标。

4. 掌握明晰目标、学会服从、有效管理时间和养成好习惯的实现路径。

企业的执行力是影响企业生存和发展的重要因素，其强弱程度直接关系着企业的战略目标能够顺利实现。企业执行力的强弱与员工执行力的强弱息息相关，员工唯有自觉执行才能使企业有强执行力，快速有效实现目标，提升企业竞争力。

明晰目标是自觉执行的前提，学会服从、有效管理时间和养成好习惯是自觉执行的内涵和有效途径，只有提高自觉执行力，才能成为企业的资产型员工。

第一节　明晰目标

一　有目标才有方向

有的时候会有这样的困惑，想做一件事却觉得无从下手，为一件事做出了很多努力却依然没有达到想要的效果。其实，这都是因为没有明晰目标，没有将大目标明晰细化为一个个具体的可实现的小目标。没有靶向目标，便缺乏强执行力，无法成功做好这件事。因此，要想自觉执行，积极迅速地行动，就必须先明晰目标。

目标是想要达到的境地、要求和效果，是明确行动所具有的价值，是自觉执行的前提。清晰而明确的目标可以引导执行，使执行意愿变得积极，使执行行动变得迅速高效，使执行力变得强大，从而快速有效地达到目标，获得成功。

二　为什么要明晰目标

（一）清晰而准确的目标是自觉执行的前提

任何事都不能先干起来再说。接到工作任务后，如果不去思考要将任务做成什么样，不思考工作的目标和意义，就直接付诸行动，那么在完成任务的过程中就可能会迷茫，因为不知道要把工作要做到哪种程度，结果可能不尽如人意。

华为公司是目前国内最出色的企业之一，但在发展初期也遭遇了很多问题，其中员工们的业绩总是达不到预期目标是比较突出的问题之一，有时候甚至工作结果与预期目标相差甚远，给华为公司发展带来了很大的阻滞。实际上，当时华为公司的员工都非常勤奋努力，工作能力也非常优秀，管理者们决定对此进行深入调查，并很快发现了问题所在，那就是当时大部分员工都是"接受指令—埋头苦干"，他们很少愿意花时间思考自己的工作目标，因此根本无法有效地达到工作目标，这种毫无目的性的工作方式造成了工作的混乱，很多员工在工作中都遇到了困惑，他们发现之前的努力可能达不到最终目标，于是有的员工选择了错误的工作方法，有的员工则在混乱中擅自改变了最初的工作目标，有的员工完成工作后才发现自己做的都是无用功，工作结果与预期目标大相径庭。面对这种情况，管理者决定帮助员工建立自己的工作目标，每个人在完成工作任务前都必须有清晰明确的工作目标和详细完整的工作计划，这帮助了员工自觉执行工作任务。自此，员工的工作效果得到了极大提升，华为公司的发展也朝着预期目标不断前进，最终发展壮大。

目标的缺失或混乱是致命的，因此做一件事之前必须要制定清晰而准确的目标。需要强调的是，目标必须是清晰而准确的，如果制定的目标是不清晰的，那这样的目标就不能引导执行目标，是无效的目标；如果制定的目标是不准确的，那毫无疑问将做无用功。

清晰而准确的目标是自觉执行的前提，但唯有自觉执行才能实现目标。如果只有目标，没有自觉执行，那么目标就是空中楼阁、海市蜃楼，终将消失，那将永远不能成功。

（二）做人做事都要有目标

不管是做什么都需要有目标，只有这样才能将工作和自身发展有机结合，在把工作做好的同时，实现自身的人生价值。不仅要明晰工作和自身的目标，也要明晰企业的目标，要将自身的目标、企业的目标和正在做的事情的目标有机统一，协同共进，才能使工作的价值、企业的价值和人生的价值统一，从而实现价值最大化。有的人一天忙到晚，领导却觉得他什么也没做，有的人每天只工作8小时，领导却觉得他创造了很大的价值，这就是因为他将自身目标、工作目标和企业目标相结合统一，努力用对了方向，实现了价值最大化。

国家电网公司是一个拥有很多子公司的企业，2020年国家电网公司确定了"建设具有中国特色国际领先的能源互联网企业"的战略目标，同时将战略目标具体化和指标化，明确了达到什么样的标准就是实现了战略目标。国家电网公司的网省公司根据自身特点，制定了与国家电网公司战略目标一致的目标，如国网四川省电力公司就提出了"12333"战略落地路径。在"12333"战略落地路径的指引下，国网四川省电力公司员工在制定个人目标和工作目标时，才能将自身目标、工作目标和企业目标有机统一，才能将工作做到最好。

二　目标明晰原则

可以使用 SMART 原则来衡量制定的目标是否清晰准确，SMART 原则是指所制定的目标应该符合 Specific（要具体）、Measurable（可衡量）、Attainable（可实现）、Relevant（要相关）、Time-based（时间限定）5 个原则。SMART 原则强调了目标是可被执行的，能够为执行提供清晰而准确的引导。

1. Specific（要具体）

Specific（要具体）就是目标要明确，要用具体的语言明确地说明要达到的标准和效果。很多团队不成功的重要原因之一就是目标制定得模棱两可，或者目标表述不清，没有将目标有效地传递给相关成员。

目标 1：提高自身职业素养。

目标 2：学会应用目标制定的 SMART 原则，提高自身自觉执行能力，以提高自身职业素养。

很明显，目标 1 描述就很不具体，因为提升职业素养有很多方面，提高自身职业素养的目标描述过于笼统，而目标 2 的描述就很具体明确，能够明确知道如何执行达到目标。

思考题

目标 2 还有继续细化的空间吗？如果有，请提出细化方案。

2. Measurable（可衡量）

Measurable（可衡量）说明目标应该是可以衡量的，可以有明确的标准作为衡量是否能达成目标的依据，因为如果制定的目标无法衡量，就无法判断这个目标是否能够实现或是否已经实现。需要注意的是，并不是所有的目标可以衡量，大方向性质的目标就难以衡量。但是为了能够执行目标，要尽可能地使目标具有可衡量性，遵循"能量化的量化，不能量化的质化"的可衡量原则。比如销售量等目标可以量化，则可量化为"A型号产品销售量每月达到500件"，使客户感觉如沐春风等目标无法量化，则可质化为"面对客户时面带微笑，露出8颗牙"等。

目标1：我们要进一步提高学生的职业素养。

目标2：为学生开设职业素养这门课，学生在职业素养这门课的平均考核成绩达到85分及以上，则表明学生的职业素养有所提高。

目标2相对目标1就更具有可衡量性，可以明确目标究竟达到与否。

3. Attainable（可实现）

Attainable（可实现）说明目标应是执行人可接受的，能够通过努力可以达到的。如果强行制定难以实现的目标，执行人无论付出什么行动，都不能达到目标，那这个目标就是无效的。如果企业给员工制定了难以实现的目标，员工将产生抗拒心理，则无法自觉执行。

目标1：要在1天内完成职业素养课程的学习。

目标2：要在1学期内完成职业素养课程的学习。

显而易见，目标1就是难以实现的，不可达到的目标，而目标2则是可实现的目标。

4. Relevant（要相关）

Relevant（要相关）就是指此目标和其他目标要相关。人生是由一个个小目标组成的，成功是由一个个小目标达到的，如果一个目标和其他的目标完全不相关，或者相关度很低，那这个目标即使达到了，意义也不大。

目标1：为了提升自身职业素养，为自己设定了25岁结婚的目标。

目标 2：为了提升自身职业素养，为自己设定了学会应用 SMART 原则的目标。

目标 1 和目标 2 中，"提升自身职业素养"是大目标，"25 岁结婚"和"学会应用 SMART 原则"是分解的小目标，而"25 岁结婚"的小目标与"提升自身职业素养"的大目标是无关的，即使实现了，也对"提升自身职业素养"没有意义，而"学会应用 SMART 原则"这样的小目标才与"提升自身职业素养"的大目标相关的，是有意义的目标。

5. Time-based（时间限定）

Time-based（时间限定）是指目标应该有时间限制。没有时间限制的目标是不准确的目标，随着时间的推移可能成为无效的目标。制定目标时，可能分解出不止一个小目标，要根据大目标的时间要求和事情的轻重缓急，确定每个小目标的时间要求，以及时有效地达到目标。

目标 1：学会应用目标制定的 SMART 原则。

目标 2：2021 年前学会应用目标制定的应用 SMART 原则。

相对于目标 1，目标 2 对目标进行了时间限制，这会使执行者更有执行力，更能自觉执行。

以上 5 个制定目标的原则缺一不可，一个人唯有明晰自己的目标，制定具体的、可衡量的、可实现的、相关的和有时间限定的目标，才能自觉执行，从而有效实现目标，高速、高效、高质量地完成任务。

（四）小目标实现大成功

山田本一是日本著名马拉松运动员。1984 年，山田本一参加东京国际马拉松邀请赛，当时他还是一名名不见经传的马拉松选手，他出乎所有人意料地获得世界冠军。众所周知，马拉松比赛是一项比拼体力与耐力的运动，爆发力和速度在其次，只要身体素质好又有耐性就有望夺冠，当时许多人都认为这个矮个子选手夺冠只是一种幸运与偶然。但是，1987 年的意大利国际马拉松邀请赛上，作为日本代表参赛的山田本一再次获得了世界冠军，他用自己的实力告诉了世界，他的成功并非偶然。

这引起了广泛关注，人们都想知道他成功的秘诀，但是当记者几次询问山田本一如何取得如此出色的成绩时，山田本一总是回答道："凭智慧战胜对手，取得胜利。"这样的回答让人们疑而不信，总觉得他是在招摇夸张，故弄玄虚。然而10年后，人们终于从山田本一的自传中，验证了凭智慧取胜确实是他获得成功的经验所在。

他在自传中写道："每次比塞之前，我都要乘车将比赛的路线仔细地勘察一遍，并把沿途比较醒目的标志画下来，比如第一个标志是一家银行，第二个标志是一棵大树，第三个标志是一座公寓。这样一直到赛程的终点。比赛开始后，我以百米冲刺的劲头向第一个目标冲去到达第一个目标后，又以同样的速度向第二个目标冲去。40多千米的路程就这样被我分解成若干个小目标而轻松地跑完。起初，我并不明白这样的道理，而是把目标一下子定在终点线的那面旗帜上，结果跑到十几千米就觉得疲惫不堪了，因为我被前面那段遥远的路程吓倒了。"

山田本一凭智慧取胜，两次获得世界冠军，他的秘诀在哪里？

其一，他明晰了自己以一定的速度跑40多千米的大目标，将这个大目标分解为一个个小目标，通过实现一个个小目标，从而实现大目标。

其二，他分解的小目标是清晰而明确的，比如第一个是"以一定的速度跑到银行"，第二个是"以相同的速度跑到某个公寓"，他为自己分解的小目标相对于大目标来说，更具有可达性，让他能够自觉执行，因此，他最终获得了成功。

▏延伸阅读▏

阅读材料一：小目标积聚大成功——油气分析"匠人"朱洪斌

国网江苏省电力有限公司电力科学研究院有这样一位油气分析匠人，他并非学化学专业毕业的，却连续两届担任全国电气化学标准化技术委员会委员，他是两届总计 83 名委员中唯一不是学化学的委员；他没有真正上过大学，却曾被江苏计量科学研究院聘为博士后出站论文答辩的 5 名评审专家之一。他叫朱洪斌，是一名普通油务员，从事电力用油、用气检测已有 30 年，他是首届江苏大工匠、国家电网公司技能专家，全国五一劳动奖章、2016 年国家科技进步奖二等奖等众多荣誉的获得者。

为什么他 30 年如一日地刻苦钻研和勇于创新，取得如此非凡的成就呢？他给大家的答案是：不断地给自己设定目标。他说："正是这一个个小目标，让我努力进步、不断创新。"

1988 年，学习微型计算机的朱洪斌，被分到国网江苏省电力公司电力科学研究院化学室工作，由于所学专业与化学相去甚远，他在工作中总比别人学得慢一点。但他有一股不服输的犟脾气，他给自己定下目标：一年内，弄懂各项仪器操作，学会数据分析，当好一名操作工。于是，朱洪斌白天跟着师父认真学，夜里泡在实验室自学。3 个月后，他弄懂了实验室大大小小的仪器，半年后，他在班组业务技能考试中拿下第一名。

实现"当好一名操作工"的小目标后，朱洪斌又树立"成为钻研型高技能人才"的目标。他买了厚厚一摞专业书，利用一切可利用的时间，将《分析化学》《有机化学》《化工原理》等专业理论一一吃透，渐渐从门外汉成为行家里手，到高级技师乃至行业专家。2003 年，他领衔的油气试验项目不断完善，终于实现了电力用油、气常规分析项目的全覆盖。2004 年，朱洪斌主持申报的 19 个检测项目全部获得了中国合格评定国家认可委员会的认可，他实现了"成为钻研型高技能人才"的目标。

2005 年，朱洪斌和他的团队发现，采用传统的油色谱分析法对变压器实施故障诊断，不仅检测误差大，而且费时费力。于是，他以提升绝缘油检测质量和效率、减轻工作强度为目标，走上了电力绝缘油检测技术及设备的自主创新之路，确立了"做自主创新专家"的新目标。

从 2006 年开始，朱洪斌连续主持完成了"油中水分在线测量装置的开发""防止 500kV 变压器故障新技术的试验研究""变压器油中溶解气体在线测量装置评价校验系统的开发""变压器油色谱分析标准油的研制"及"变压器油色谱分析网络化校准比对系统的开发"等项目，围绕绝缘油色谱分析敏锐度提升的整体目标，历时 9 年，最终建立了油中溶解气体组分含量量值保证体系。他首次成功制备色谱分析用工作标准油，油样保存时间由 15 天提高到 180 天；发明绝缘油现场取样工具及方法，解决了行业 40 多年缺乏专用取样容器的难题；创新实验室分析方法，平行试验误差由 10% 降至 2%；建立了网络化数据管控系统，不同实验室比对误差由 20% 降至 5%。成果获得了著名变压器专家朱英浩院士、计量学专家张钟华院士等行业巨擘的高度评价，经中国电机工程学会鉴定，整体技术居国际领先水平。该成果在国家奖申报中脱颖而出，成功荣获了 2016 年度国家科学技术进步二等奖。他实现了"做自主创新专家"的新目标，成了全国知名专家。

2018 年，朱洪斌已经 52 周岁，在成为国内知名专家后，朱洪斌又有了下一个目标。他说："行业内很多检测项目只能依靠手动操作，缺少自动化仪器方法，试验时间长且无法保证准确。我就有责任带领全行业共同进步。"朱洪斌带领的团队开始自主研制设备，他们设定的目标是：提升绝缘油、气的检测质量和效率，减轻一线人员工作强度。

朱洪斌通过不断明晰自己的目标，通过自觉执行，实现了阶段性目标，最终成为一名大国工匠。不断更新自身知识，不断创新专业技术，朱洪斌身上这份电力技术人员特有的刻苦钻研精神，是不忘初心、恪守工匠精神的真实写照，激励着每个电力人奋力前行。

思考题

学习职业精神课程要达到的目标是什么呢？

第二节　学会服从

一　什么是服从

当被安排了一个自己不喜欢的任务，就一直拖延不做或敷衍地做，最终这个任务并没有完成得很好，这就是因为缺乏服从意识，没有培养服从心态。

职场上的服从是发生在上级与下级的关系中的，服从与执行上级的命令，是最基本的职业道德和职业素养。在职场上服从是执行力高的一种表现，唯有对自己的上级发自真心地服从，才能从心底尊重和认同上级，服从上级对自己的安排，才能毫不犹豫、忠实地执行上级布置的任务，做到自觉执行。

二　服从始于意识

有些人对服从有所误解，认为服从有损其尊严，服从不能体现其个性。但其实，服从是一种大局意识，体现一个人的责任与素质。没有服从意识的人往往只能从自己的角度考虑问题，而不能从集体的角度考虑问题，企业的服从文化保障了强大而高效的执行力。尽管上级发出的所有指令不一定完全正确，但是一个企业要想高效迅速地成长发展，必须建立良好的服从机制，保证员工的纪律性。企业员工必须有极强的服从意识，才能自觉执行，保证高层的决策和意愿能够得以实施，才能够保障企业中的权力平衡，企业运转效率才能高。

华为公司的管理理念一直比较军事化，坚持"上级管理下级、下级无条件服从上级"的理念，员工手册中，服从命令是其中一条重要规定。事实上华为公司每年都会邀请退伍军人作为教官对招聘的大学生进行军事训练，以培养员工的纪律性，确保员工能够树立坚决服从上级命令的意识。对于华为公司的任何一个员工来说，服从上级的命令是本职工作中的一部分，上级命令必须不折不扣地完成。

华为公司管理者任正非曾说："不服从分配就是麻雀，就是小奋斗者。你还把他当鸿雁配股？这是干部管理错误。"可见服从意识无论是对企业发展还是个人发展都是至关重要的。但在日常工作中，很多员工没有服从意识，有的员工认为领导说对了我就服从，说错了我就不服从；有的员工认为领导说的有利于自己就服从，不利于自己就不服从；有的员工只服从自己喜欢的领导；有的员工嘴上服从，工作中却敷衍了事。无论是哪种情况，员工缺乏服从意识，就不能做到自觉执行，这样的员工职业素养不高，对企业价值不大，个人发展也不会长远。因此，必须要有服从意识，有了服从意识，才能从心底认同上级指示，才能自觉执行。

二　学会正确服从

服从绝不是不动脑子地盲从，不是被动地听从，而是自动自发地服从，是主动地服从，是发自内心地愿意付出行动，并相信自己能够圆满完成任务。

（一）先接受后沟通

当领导给出指示时，如果马上列出一系列困难反驳他的指示，那必然是不受欢迎的员工。优秀的员工一定是先接受领导指示，经过对这个指示进行思考以后，如果觉得有执行困难，再跟领导沟通。接受的是领导的命令，而沟通的主要是如何执行。

但是，学会服从，学会接受，并不表示是一个毫无主见的下属。当认为上级的决策有误时，可以提出自己的想法，与上级沟通，但同时要让上级明白，自己只是建议，只是辅助上级完成经营决策的，最终还是会服从上级的决定。当和上级沟通以后，无论他做出什么决定，无论决定与自己的建议一致或者相反，都要真诚地服从，并自觉执行。

（二）忠实执行指示

正确服从必须忠实地执行上级指示，而不能嘴上答应，行动上敷衍。要忠实执行指示必须先正确理解领导指示内容，在听领导指示时，需归纳记录要点，对不清楚的地方进行咨询确认，最后再与领导最终确认指示内容。当正确完整地理解领导指示后，要自觉执行，忠实地将指示付诸行动。

（三）迅速完成任务

执行领导指示必须要马上按指示行动，不能有一丝一毫地延误。接到指示后，应明确目的及作用，必须迅速确定实施步骤及行动计划，有高速的执行力，体现自觉执行。需要注意的是，制定的工作计划要确保能得到上级的认可，同时出现问题要随机应变及时解决。"我马上去做"可以鲜明地体现自觉执行领导指示的积极态度，使领导产生好感，认为员工能够自觉执行、执行力强，是一名好员工。

（四）及时汇报进度

执行指示过程中和工作完成时，要及时向上级汇报工作进度，让上级心中有数。汇报要做充足准备，汇报时要简短有力、结论先行、条理清晰，确保上级能短时间内有效接收并理解汇报内容。同时，如果工作进展缓慢或遇到困难时，更要及时向上级汇报，听取上级新的指示。

（四）服从是基础

小乔治·史密斯·巴顿是第二次世界大战美国著名的军事将领，他作战勇猛顽强，指挥果断，富于进攻精神，善于发挥装甲兵优势实施快速机动和远距离奔袭，被部下称为"血胆老将"。有人这样评价他："作为统帅人物，巴顿将军的最大特点就是以他自己的尚武精神去激励部下，用他的个性去影响部下在战场上奋勇向前。"

巴顿将军在他的战争回忆录《我所知道的战争》中曾写到这样一个小故事："我要提拔士兵时常常把所有的候选人排到一起，告诉他们一个我想要他们解决的问题。有一次我说：'伙计们，我要在仓库后面挖一条战壕，8英尺长，3英尺宽，6英寸深。'我就告诉他们那么多。我有一个有窗户或有大节孔的仓库。这些候选士兵们正在检查工具时，我就走进仓库，通过窗户或节孔观察他们。我看到他们把锹和镐都放到仓库后面的地上，休息几分钟后开始议论我为什么要他们挖这么浅的战壕。他们有的说6英寸深还不够当火炮掩体；有的说这样的战壕太热或太冷；如果候选人们是军官，他们会抱怨，因为他们觉得他们不该干挖战壕这么普通的体力劳动。最后，有个伙计对别人下命令：'让我们把战壕挖好后离开这里吧。那个老畜生想用战壕干什么都没关系。'最后，我提拔了那个给别人下命令的伙计。我必须挑选不找任何借口地服从，并完成任务的人。"

华为公司管理者任正非曾用这个故事教育那些倚老卖老、不听年轻管理者指令的老员工，因为他认为任何员工没有权力拒绝服从上级指令，执行任务。

从巴顿将军的故事可以看出，服从上级，自觉执行上级命令是员工最基本的义务。员工可以质疑上级的指令，但是，必须服从和自觉执行，因为这是最基本的职业道德和职业素养。学会服从是自觉执行的基本条件。

▍**延伸阅读**▍

阅读材料二：坚决服从——奋战在抗疫一线的"电网铁军"

2020年是不平凡的一年，开年便遭遇了在全国蔓延的新冠疫情，人们的生活状态发生了改变。全国人民积极响应党中央的号召，宅在家里尽量减少外出，防止病毒传播。但是，在灾难面前，总有逆行的英雄。

为打赢疫情防控阻击战，中央在武汉建立了方舱医院，让世界见识了中国速度。电是方舱医院不可或缺的，国家电网切实履行了"六个力量"的责任，全面完成了疫情期间的供电保障工作。2月15日上午，国网湖北电力武汉供电公司接到江岸区政府防疫指挥部紧急通知，为江岸区的虹桥工业园内临时建立的一座方舱医院提供电力供应，医护人员办公区域动力电源必须在2月16日接通。由于当晚施工道路受限，实际上整个医院送电时间只有17个小时。

国网湖北电力武汉供电公司华源输变电公司变电二班班长陈世雄和他的队员们接到了这个紧急的任务，任务完成难度大、风险大，但是，陈世雄和他的队员们一点都没有迟疑，无条件服从上级指令，迅速开始施工准备。2月16日早上6时，确定可通行进入现场后，陈世雄和他的队员们拿上设备迅速进入现场开始施工。

迅速勘测完毕现场后，陈世雄将队员分成三组，并细化了每个组的工作任务。"第一组制作接地桩，第二组、三组分别进行箱式变压器吊装。"钻孔、传递工具和材料，机具的轰鸣声和施工人员的叫喊声交织在一起，现场有条不紊地忙碌起来。"所有箱式变底座吊桩及箱式变吊装完毕，已完成设备接地，全部验收合格，可进行箱式电缆展放工作！"2月16日晚21时许，连续奋战了15个小时的陈世雄和他的队员完成了长江新城方舱医院电力设备的接地工作，并与负责后续工作的同事顺利交接。

从大年三十开始，短短 20 多天，陈世雄先后参与火神山、雷神山医院，长江新城方舱医院等 4 个重点医疗单位供电保障工程建设，他和他的团队争分夺秒、夜以继日，高效圆满地完成了任务。

陈世雄们是国家电网人在抗击疫情的关键时刻挺身而出、奋勇战斗的缩影，展现了国家电网公司广大干部员工坚决服从命令、不畏困难、顽强拼搏、甘于奉献的工作作风和"电网铁军"精神。

思考题

当上级指令明显不正确，或指令明显带有情绪化，且不听员工的建议时，员工也要服从吗？

第三节　有效管理时间

一　什么是时间管理

对时间的有效管理关系到工作效率、工作的完成进度，唯有有效管理时间，才能按时完成工作计划，达到工作目标，做到自觉执行。时间总是按照一定的速度流动，其本身是人力无法控制的，时间的管理对象其实不是时间，而是对作为时间使用者的自我管理。所以，有效时间管理是通过降低时间使用者在对实现目标和计划贡献不大或无贡献的事项上的时间消耗，以减少时间浪费，提升时间使用效率，从而提升工作效率，更好地完成工作。唯有有效管理时间，才能迅速执行、高效执行、自觉执行。

二 时间特性

1. 供给无弹性

时间对每个人都是绝对公平的，每个人拥有的每一天时间长度完全一样，1 小时 60 分钟，1 天 24 小时，1 周 7 天。认为时间过得慢或者快，都只是个人的主观感受，事实上时间不会为谁停留，也不会为谁快速流逝，不会因为任何事情增加或者减少。同时，时间不能生产，也不能买卖，每个人拥有的时间都是自己独有的不可变更的资产，所以时间的供给对每个人来说都是无弹性的。

2. 不可存储性

时间跟其他资源最大的区别就是：不能在充足时留存，以备短缺；不能将闲暇时光收藏起来，忙碌时使用。时间就像流逝的河水一样，流动的水无法储存，同样，流逝的时间也无法储存。无论是有效利用时间，还是无端消耗时间，时间都将按一定的速率流逝，一去不复返。

3. 不可替代性

任何东西都不能替代时间，没有时间，任何活动都没有了意义。

4. 不可复得性

时间一旦失去就不能再得到。失去金钱可以再赚回来，但是，倘若挥霍了时间，任何人都无力挽回。

三 有效时间管理法则

（一）四象限法则

四象限法则是由著名管理学家史蒂芬·柯维提出的时间管理法则，他认为每天所做的事情均可按照重要和紧急两个不同的程度进行衡量，如此可以将事情分为四种：重要又紧急、重要但不紧急、紧急但不重要、不紧急也不重要，如果将他们分别放入 4 个象限，则如图 7-1 所示。

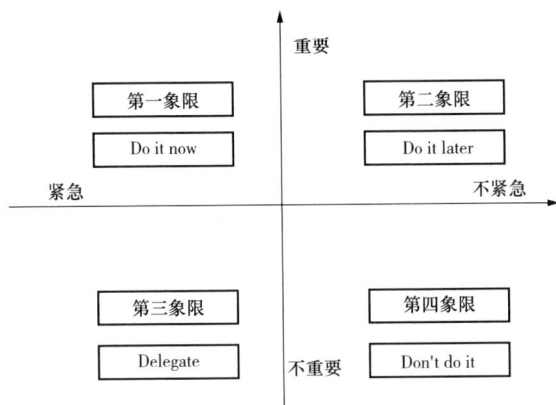

图 7-1　时间管理四象限

第一象限：重要又紧急的事情。

第一象限的事情是最重要的事情，且是当务之急，是实现目标的关键环节，工作中的主要压力和主要危机都来自第一象限，只有合理、高效地解决这些事情，才能顺利地进行别的工作。第一象限的表现主要为重大项目的谈判，重要的会议工作等。

第二象限：重要但不紧急的事情。

第二象限的事情是自己认为重要，但完成时间较为充裕的事情。这些工作要求具有更多的主动性、积极性及自觉性，如果这些事情不及时完成，将进入第一象限，变为重要又紧急的工作，将会带来很大的完成压力。第二象限的表现主要为撰写工作总结、编写工作计划等。

第三象限：紧急但不重要的事情。

第三象限是紧急但不重要的事情，这一象限的事情有很大的欺骗性。因为紧急，很容易让人觉得很重要，从而占据大部分时间，而造成时间浪费。如明天有一个重要的谈判，今晚需要好好休息，但是同事却打电话讨论他认为很紧急但不是很重要的事，影响了休息，导致谈判失利，给企业造成损失等。

第四象限：不紧急也不重要的事情。

第四象限是不紧急也不重要的事情，这些事情没有时间的紧迫性，也没有任何的重要性，如闲聊、发呆等，将时间应用于这些事情就是在浪费时间，浪费生命。

需要注意的是，要对事情有准确的判断力，以准确给事情分象限。确定是第一象限的紧急又重要的事，一般优先处理。要注意第三象限的欺骗性，并不是紧急的事情就是重要的事情。第一象限的事情重要而且紧急，但由于时间原因往往不能做得很好。第二象限的事情很重要，而且不紧急，会有充足的时间去准备，更有可能做好。可见，应该投资第二象限的事情，因为它的回报会是最大的。

一般采用 4D 原则来实施四象限的事情：

（1）第一象限，重要且紧急—马上做（Do it now）。对重要紧急的事情应该马上做，同时，如果总是有紧急又重要的事情要做，说明在时间管理上存在问题，设法减少它。

（2）第二象限，重要但不紧急—计划做（Do it later）。尽可能地把时间花在重要但不紧急（第二象限）的事情上，这样才能减少第一象限的工作量。

（3）第三象限，紧急但不重要—授权做（Delegate）。对于紧急但不重要的事情的处理原则是授权做，让别人去做。

（4）第四象限，不重要而且不紧急—减少做（Don't do it）。不重要也不紧急的事情尽量少做。

四象限法则有助于人们搞清楚事情的轻重缓急，从而有效管理时间。

（二）二八法则

二八法则又名 80/20 定律、帕累托法则等，是意大利经济学家帕累托于 1987 年提出的，他对 19 世纪英国社会各阶层的财富和收益统计分析时发现：社会的绝大部分财富都集中在 20% 的人手中，而另外 80% 的人只拥有社会少量的财富，即社会上 20% 的人掌握 80% 的财富，也就是说 80% 的结果（产出、酬劳）往往源于 20% 的原因（投入、努力）。

二八法则告诉我们，原因和结果、投入和产出、努力和回报存在典型的不平衡，其核心意思是：少量因素、投入对最终结果可以产生非常大的影响，80%的收获来自20%的付出，80%的结果可归结于20%的原因。如果将二八法则应用于时间管理，那应该用大多数时间做那些能带来80%回报的20%事情，当然，前提是能知道产生80%收获的究竟是哪些20%的关键付出。也就是说，要对工作认真分析总结，找出20%的关键事情，把主要精力用于解决主要问题，主要项目中。但事实上，人们常常将时间应用于80%不太重要的事情中，导致事情达不到理想的效果。

当掌握了二八法则，掌握了哪20%的付出是关键付出，必将提高工作效率，事半功倍，实现有效时间管理。

（四）有效时间管理技巧

1. 了解自己使用时间的方式和状况

了解自己使用时间的方式和状况，才能判断自己的时间管理存在的问题，改进自己时间管理的问题，根据自身情况有效管理时间。

2. 做好工作计划

好的工作计划可以让人一目了然地知道哪些事情应该先做，哪些事情应该稍后做，可以有效引导工作任务有序完成，从而达到有效管理时间的目的。

3. 缩短别人干扰的时间

必须要学会拒绝，缩短别人干扰的时间，如缩短别人和自己闲聊的时间，才能专心做自己的事情，高效工作。

4. 不要拖延

做事不要拖延，拖延会产生焦虑情绪，会影响之后的工作计划，产生恶性循环，从而影响时间的有效管理。

5. 第一次就把事情做好

第一次就把事情做好可以有效减少重新做和复查的时间，从而有效管理时间。

6. 时间的判断应有弹性

为预防一些突发事件，当对一个事情完成所需的时间进行判断时，应有一些弹性，以保证对时间管理的主动性。

7.合理授权，善于合作

一个人的时间是有限的，要学会合理授权，将紧急但不重要的事情授权给他人做；同时，当要做自己不擅长的事情时，学习的时间成本将会很高，所以要善于合作，将专业的事给专业的人做，这将会节省很多时间，从而有效管理时间。

五　高效利用时间

《奇特的一生》是俄国作家格拉宁所写的，用以描述主人公亚历山大·亚历山德罗维奇·柳比歇夫（1890年4月5日~1972年8月31日）的一生的文学作品。柳比歇夫是苏联的昆虫学家、哲学家、数学家，他博学并且多产，一生发布了70余部学术著作，一共写了12500张打字稿，这是个相当庞大的数字。亨利·米勒在《北回归线》里曾经这样形容一位朋友：在他身体一侧戳个洞，流出来的就是一个大英博物馆；有时候流出来的，是整个亚洲。亨利·米勒的这个朋友，就是柳比歇夫。在柳比歇夫去世的时候，各个领域的朋友发言悼念，但一个人一生怎么可能有那么多成就呢？柳比歇夫是一生的时间都在工作吗？并不是。他有固定的体育活动，主要是游泳和散步，也喜欢走遍四方领略山河景色。他每年可以看65部电影、歌剧、展览和音乐会，还要写影评。最关键的是，他一天要睡10个小时，并且一累马上停止工作去休息。

那柳比歇夫到底是怎么做到利用有限的生命创造了这么多的财富呢？《奇特的一生》便详细记录了他是如何做到高效利用时间的。

《奇特的一生》中写道，柳比歇夫在26岁时独创了一种"时间统计法"，记录每个事件的花费时间，通过统计和分析，进行月小结和年终总结，以此来改进工作方法，计划未来事务，从而提高对时间的利用效率。期间他不断完善这一时间统计方法，并一直沿用了56年，直到82岁逝世。通过做这样的记录，柳比歇夫对时间进行有效利用，获得了精确感知时间的能力，也获得了超高的工作效率，在有限的生命中最大限度地填充了生命的密度，提升生命的质量。

实践柳比歇夫时间统计法，抓住偷偷溜走的时间：

（1）记录时间使用情况。

（2）分类统计分析各类事项花费时间，进行总结。

（3）反馈调整，改进工作计划和时间使用计划，提高时间使用效率。

┃延伸阅读┃

阅读材料三：时间利用匠人——居里夫人

居里夫人是一个非常懂得利用时间的人。居里夫人养成了在早上六点钟起床的习惯，以便多用功读书。她同时读好几种书，可以合理分配时间，科学地利用时间。她不是死读书，而是非常讲究时间的效率。因为专门研究某个课题会使她的头脑疲倦，若是在读书的时候她觉得现在从书里难以吸收有用的东西，就转而做代数和三角数学题。这样可以让她重新变得专心致志，就可以使思维重新敏捷起来。

她在19岁时，迫于生活而给别人当家庭教师，但她一刻也不忘努力学习，一点时间也不浪费。从上午八点到十一点半，从下午两点到七点半，她总是忙个不停。只有下午一点半到两点是散步和吃午饭的时间。到晚上九点，还要专心看自己的书，并且做自己的工作。

她在巴黎求学时，为了节约时间，就搬到离学校近的地方居住，她的住处到化学实验室只要一刻钟，离她就读的索尔本大学只要20分钟。在巴黎求学的几年里，虽然贫穷拮据，但是在她的眼里是最快乐和完美的日子。

与居里结婚后，居里夫人还是一天在实验室工作8小时，用两三个小时来料理家务，到了夜晚，专心预习课本准备大学毕业生的职业考试，甚至到凌晨两三点钟还在灯下刻苦学习。

居里夫人正是珍惜每一个今天，充分利用今天，她才赢得了看似比别人更多的时间，使自己有限的时间膨胀，才有她后来在科学上那些喜悦的"发现瞬间"，在科学领域里取得了非凡的成就，得以青史留名。

思考题

应该如何采用柳比歇夫时间统计法来有效管理你的时间呢？

第四节　养成好习惯

一　什么是习惯

习惯是反复做的工作或事情，当这些反复做的工作被认为理所当然，并开始不自觉地做这些事情时，便是养成了习惯。但大部分情况下这种习惯是无意识的。美国心理学家威廉·詹姆斯说："播下一个行动，将收获一种习惯；播下一种习惯，将收获一种性格；播下一种性格，将收获一种命运。"可以看出，习惯的作用十分强大，一个好的习惯将会受益终身，相反，一个坏习惯，可能会摧毁人的一生。好习惯是人的资本，这个资本会不断地增长，可以毕生享用它的利息，而坏习惯是难以偿还的债务，会跟随人的一生。

养成好习惯是自觉执行的最高境界，当自觉执行成为习惯以后，当明晰目标、学会服从和有效管理时间成为习惯以后，就会下意识地自觉执行任务，自觉执行的阻力会降到最小，对于一个高素质、优秀的员工而言，自觉执行将是理所当然、极其容易的事情。

二 养成好习惯的 4 个阶段

（一）不良习惯的无意识阶段

在这个阶段，并没有意识到某个事情是不良习惯，也就无法意识到这个不良习惯给工作效率和工作完成效果带来的不利之处，被不良习惯潜移默化地影响着而不自知。

（二）不良习惯的有意识阶段

在这个阶段，开始自我觉醒，意识到有不良习惯，并意识到这个不良习惯减弱了执行力，阻碍了工作的推进。但是有时候不良习惯是很难发现的，可以借助一些自我测试来发现，如可以记录自己玩耍手机的时间，以测试有没有在工作中玩耍手机的坏习惯。

（三）良好习惯的有意识阶段

在这个阶段，开始有建立好习惯的意识，决心改变不良习惯，开始培养建立好习惯。这个阶段是十分关键的阶段，容易受到其他事情干扰，从而导致对习惯养成的放弃，如果没有坚持习惯进入下一阶段，那可能永远也无法养成好习惯。在这个阶段，一定要坚持好的习惯，进入良好习惯的无意识阶段。

（四）良好习惯的无意识阶段

当进入良好习惯的无意识阶段时，已经养成了好习惯。好习惯的真正养成是其不再被意识到的时候，此时不再觉得做这个事情是坚持，而只是一种习惯，内心有更多的自觉自愿，会轻松很多。

当好的习惯积累多了，便会有好的工作，有好的人生，因此，凡是好的行为方式和生活方式等，都要使它转化为习惯。

三 建立好习惯的 4 个要素

改掉一个坏习惯的最好的方法就是建立一个新的习惯去代替它，如想改掉吃夜宵的习惯，最好的方法就是养成早睡的好习惯。建立好习惯有 4 个相互联系、缺一不可的要素，分别是线索、反应、奖励和渴望。

（一）线索

线索就是想养成的习惯的一个开关，当启动这个开关后，就能触发人的一系列行为，从而逐渐养成习惯。给自己希望养成的习惯一个线索，当线索出现时，就开始你的需要养成的习惯行为，长此以往，这个线索便能成为习惯的开关，帮助启动你的好习惯，成为好习惯的一部分。如想养成早上制定工作计划的习惯，那可以将喝咖啡作为线索，当每天喝咖啡时，就会想起要制定工作计划了。

（二）反应

反应就是实际习惯，也就是在这个过程中做了什么。如制定工作计划这个动作，就是反应。只有当有能力做出反应时，才能养成好习惯。有时候制定了难以达到的习惯，这个习惯的反应是没有能力做到的，那习惯就很难养成，因为常常在养成的过程中就放弃了。因此，养成好习惯应该从小的、力所能及的动作开始。

（三）奖励

只有能带来回报的动作，才能够在再次有线索时，激发做的渴望，从而形成习惯。人们追求能满足自己内心的渴望或者对自己有益的奖励，因此，在行为结束后，给予自己一定的精神或物质奖励，更有利于习惯的养成。如跑完10千米后，在微信上打卡炫耀一下，朋友们的赞美满足自己内心的炫耀需求，可以激励下一次跑步行为。

（四）渴望

想将某个行为养成一个习惯，一定有一个内心的驱动力，这就是内心的渴望。但是，在养成好习惯的过程中，由于一些因素的干扰，可能会忘记养成这个习惯的渴望，从而放弃习惯的养成。因此，应该时常重温养成这个习惯的初心或动机，体会这个习惯满足内心渴望时的喜悦，以激励自己养成好习惯。

（四）　养成几个受益终身的好习惯

除了明晰目标、学会服从和有效管理时间等好习惯以外，还要养成以下几个好习惯：

1.严格遵守规章制度和标准

企业的规章制度和标准流程是在工作中必须遵守的，有的员工有了较为丰富的工作经验以后，便喜欢以经验做事，不遵守企业的规章制度和标准流程，埋下了安全的隐患。

2.学会思考

学会思考才能从根本上明晰工作目标，提高工作效率，将工作做到最好。可以学习结构性思维、系统性思维等思考方式，以提升思考能力。

3.有效沟通

有效沟通可以帮助员工清晰了解上级下发任务的意图，从而有更明确的工作目标和清晰的工作计划；同时可以帮助员工在汇报工作时，上级有效获得信息，从而实现上下级的有效沟通，减少交易成本，提升工作质效。

4.学会自省

每天自省 10 分钟，对 1 天的工作进行复盘，将会大大提升工作质效，且可以查漏补缺，保证工作质量。当发现自己做错了时，应该立马改正。同时，在自省中也要善于总结自己好的做法，并应用于以后的工作中。

（五）　好习惯成就人生

美国人布芬出生于富贵人家，他年轻的时候是有名的富二代，只知道吃喝玩乐，常常睡到日晒三竿。周围的人们认为这个年轻人生性懒惰，沾满浪荡公子的习性，一辈子肯定碌碌而为，只能啃老。面对人们的指责和歧视，布芬觉得不能忍，他决定要做出一番事业，让周围人都跌破眼镜。人们对他的立志付之一笑，认为根本不可信。

为了实现自己的志向，布芬首先决心改掉自己爱睡觉的毛病。为了使自己能够早起，他要求佣人在每天早上 6 点以前叫醒他，并必须保证让他 6 点能够准时起床。只要任务完成的好，佣人就可以额外地获得一笔小费。

万事开头难，刚开始，当佣人叫他的时候，他装病不起来，还生气地骂佣人打扰了他睡觉。当他起床后发现已经 11 点了，他大发雷霆，训斥佣人没有及时把他叫起来。于是，佣人决意强硬起来，强迫布芬起床。一次，布芬在床上，无论如何也不肯起来，佣人立即端来一盆凉水泼进了他的被窝，布芬马上清醒，即刻从被窝中起来了。他并没有责怪佣人如此对他，并嘉奖了他。在佣人的督促下，布芬终于养成了早起的好习惯。

从此，他每天早起，从早上 9 点工作到下午 2 点，又从下午 5 点工作到晚上 9 点，日复一日，年复一年，40 年来从未间断过。后来，他完成了巨著《自然史的变迁》，成为一名享誉国内外的作家，完成了他做一番大事业的目标。

布芬能够从纨绔子弟成为享誉国内外的作家，关键在于他不仅养成了早起的好习惯，还从养成早起习惯的过程中体会到了习惯是可以养成的，于是他逐渐养成了很多良好的习惯，并从好习惯中获益良多，最终获得了成功。

其实，员工的行为多为习惯使然，每个人都有大大小小的习惯，但很多人没有意识到习惯的作用和影响力。如果想在职场有所作为的话，就要在工作中逐渐培养自觉执行的好习惯，切勿被拖延、敷衍等坏习惯支配。

▌延伸阅读▐

阅读材料四：一个好习惯成就一个大国工匠——试油工谭文波

毕业于四川石油管理局东观技校的谭文波，是中国石油集团西部钻探工程有限公司的一名试油工。他是一名职业院校毕业的学生，起点不高，但成就却很高。"精于工，匠于心，品于行"的工匠精神贯穿他的工作始终，最终他用自己的一技之长为国家发展做出突出贡献。他坚守大漠戈壁 20 多年，领衔发明的具有自主知识产权的新型桥塞坐封工具为世界首创，已投入使用上千井次。他获得了国家发明专利 4 项，实用新型专利 8 项，还培养出一大批青年技术骨干，为企业创收近亿元。

谭文波常说，这些得益于他在学校养成的好习惯：勤学善思，喜欢动手动脑，他常常能发现生产过程中的一些"小毛小病"。油田作业中环境保护可谓是重中之重。在常规的油井抽汲生产施工中，由于防喷盒密闭不严，抽出的油水飞洒井场。如何在施工过程中不让油污落地，谭文波用自己的小发明给出了答案。2017 年 3 月的一天，谭文波在完成日常施工任务之余又围绕着抽汲防喷盒的加工改造忙碌。凌晨 1 点，夜深人静，谭文波脑子里突然灵光一闪，一个新想法蹦了出来。经过反复多次试压和动态模拟试验，他成功了。

谭文波的很多小发明都是源于他勤学善思，喜欢动手动脑的好习惯，而正是这些小发明解决了生产难题，同事们亲切地称他为"石油诸葛"。他因此先后荣获全国五一劳动奖章、全国最美职工等荣誉称号，发扬了大国工匠精神。

思考题

你认为你缺失的好习惯是什么？你准备如何养成？

第八章
追求卓越

📖 **本章导读：**

国家电网公司的企业精神是努力超越，追求卓越。这8个字反映出来的，是每一个国家电网人对卓越的向往和追求。企业要追求卓越，方能在激烈的市场竞争中站稳脚跟，个人要向着卓越努力，才能在成长的道路上不迷茫，才能在职业生涯的过程中走得更稳健。

通过本章学习，能使学习者建立对卓越精神的正确认知，明确卓越精神需通过持久的学习和奋斗而来，是职业精神中价值取向的具象部分，为牢固树立社会主义核心价值观，确立正确的职业理想和职业方向奠定基础。

✏ **学习目标：**

1. 建立追求卓越的职业目标。

2. 正确理解职业激情和创新精神。

3. 明确创新精神的培养方法。

卓越是相对平庸而言的，所谓平庸的员工，就是那些虽然服从安排，能基本完成工作，但乐于被动接受工作，得过且过，缺乏危机意识，对企业充满牢骚和抱怨，每天在岗位上混日子的员工。

然而社会在不断进步，企业要满足人们越来越高的需求，企业对员工的要求早已不是表现尚可的平庸，而是追求完美的卓越。要成为一名卓越的员工，除了要具备忠诚、担当、敬业、自觉等品质外，还要从多做一点、多思考一点做起，以学习为能量，以激情为动力，与企业同呼吸、共命运，不断开拓创新，与时俱进，共同向着卓越企业、卓越人生的目标前进。

第一节　多做一点是起点

一　多一分付出多一分收获

说到一种通用价值，相信很多人都不会反对，那就是"多一分付出多一分收获"。付出不一定会足额收获，但不付出就一定不会有收获。任何今天的收获，都是昨天付出的结果。特别是对于渴望获得成功的人来说，除了不懈地努力，没有别的捷径可走。现代社会已基本解决了人的生存、安全等基本需求，现代人更多追求的是对自身存在的认可，总是在不断追求比别人强、比别人好，在不断的竞争中脱颖而出，拔得头筹，这就是每个人追求卓越的出发点。

企业也需要不断追求卓越。在市场不断细分、科技不断创新的大环境下，企业无法再依靠密集型的劳动力投入取胜，这就需要每个员工都保持追求卓越的职业精神，不仅把工作做完，更要做好、做精，只有每个岗位上的员工都能发挥其最大能动性，企业才能拥有发展进步的不竭动力。

美国钢铁大王安德鲁卡内基曾经说过这样一句话："像猎豹一样找准时机，主动承担富有挑战性的工作，你就可以使自己的能力得以充分的发挥和展示，你的能力也一定可以得到上司的认可。"

在职场中，总是有这样的员工，他们认为只要把自己的本职工作做好就足够了。对于上级安排的额外工作，总是不情愿、不主动去做。这样的员工，自然不会获得上级的青睐。实际上，只有在工作中多做一点，才可能得到更多的表现机会。时代在发展，企业在成长，员工个人的职责范围也在随之扩大。不要总是打着"这不是我的分内工作"的旗号来逃避责任。当额外的工作分配到自己这里时，不妨视之为一种进步的机遇。

一位成功的推销员曾用一句话总结他的成功经验："你想要比别人优秀，就要每天坚持多访问 5 个客户。"比别人多做一点点已经成为很多职场人信奉的职业信条。

在工作中多付出一点点，可以在职场中脱颖而出，这无论对普通职员还是管理人员，都同样适用。很多时候，分外的工作对于员工来说，是一种考验，能够把分外的工作做好，就是能力的最佳体现。比别人多做一点点可能会占用自己的时间，可是，这样的做法会为自己赢得良好的声誉。

二 多的一点点并不容易

著名的管理咨询专家约翰·坦普尔顿经过大量的调查研究，发现一个很重要的规律——"多一盎司定律"。他指出，取得突出成就的人与取得中等成就的人几乎做了同样多的工作，他们所做出的努力差别很小，可能只是"多一盎司"。一盎司只相当于 6 磅，但是，就是这微不足道的点点区别，却会让工作大不一样。

我国西汉时期，刘向在其《战国策·秦策五》中有这样的记载："诗云：'行百里者半九十。'此言末路之难也。"这句话表达的意思比"多一盎司定律"更加精准和具有参考意义。这句话意思是走一百里路，走了九十里才算是一半。比喻做事愈接近成功愈困难，最后的那 10% 加起来的辛苦程度，可能比之前的 90% 还要多，这就需要以强大毅力来坚持那多出来的一点点。

坚持多做一点点并不是一件容易的事，这需要从心理上克服多做是吃亏的刻板印象，需要不断坚持并持之以恒才能见到效果，但如果一直坚持每天多做一点点，就会惊喜地发现：

（1）在养成多做一点点的工作习惯后，工作效果明显比那些没有这种习惯的同事更好，这将形成自己在职场良好的口碑，更能赢得上司的青睐，那些重要的、核心的任务才有可能落到自己的肩上。

（2）在养成多做一点点的思维习惯后，看待事物的眼光和格局都将更大更广，比起那些没有这种习惯的同事，在看待任务时，不仅能看到其短期收益，更能准确地判断其长期效果，这能帮助自己更加坚定地向着既定目标前进。

技多不压身，在这个充满挑战与机遇的时代，多做一点点是追求卓越、走向卓越的起点。当额外的工作来临时，不妨将其当作一份机遇与挑战，端正心态，迎难而上，挑战自我的同时也能赢得更广阔的舞台。

| 延伸阅读 |

阅读材料一：胡师傅的生意经

认识胡师傅是好几年前的冬天，他是个管道疏通工。那年宿舍楼的下水道淤塞了，秽水横流，殃及道路。正值年关，地上又有积雪，胡师傅与他妻子还是应约带着工具来到宿舍楼下。谈定价格之后，胡师傅掀开化粪池的水泥盖，大伙才知这种淤塞不一般。两池之间不知何原因，不是直通的，而是弯道相连。机械无法操作，胡师傅只好用长竹板人工捅捣，最后花了九牛二虎之力才将淤塞捅通。我们以为疏通管道后胡师傅就该收钱走人了，没想到胡师傅还将两个化粪池作了个彻底清理，并将清出的污泥浊物一并运走了。

人们暗自高兴，幸好没与他砍价。胡师傅将事做得如此彻底，三百来元，应该说"事"有所值。可更让人没想到的是，胡师傅与他妻子还将楼前的积雪一并清扫干净。这让人们很不好意思，纷纷说要加些钱。胡师傅却说，只多做了一点点，顺手之劳而已。

自此以后，哪怕楼道里糊满了疏通管道的小广告，我们也是非胡师傅不请。居民们只要听到哪里有疏通的需要，都主动向朋友们推荐胡师傅，一来二去，胡师傅几乎承包了我们宿舍附近的管道疏通工作，生意越做越红火，而这一切，都源自他长期坚持的多做一点点。

阅读材料二：Box 的成功秘诀

亚伦·莱维是云存储服务商 Box（盒子）的联合创始人兼首席执行官。合作伙伴斯科特·韦斯曾描述他为"在黑暗中发光"的企业家。

2005 年，当时正在读大学的莱维在南加州大学的宿舍里就建立了自己的 Box 公司。该公司不久之后就成了当时硅谷中的宠儿，这也使得莱维自己的收入每年以一倍以上的速度提高。甚至到了 2014 年底，40% 的世界 500 强企业都成为莱维的客户。

"市场还不成熟。"曾经有分析师在 Box 取得初期成就的时候就这样说过。莱维清楚这一点，这促使他每天都在不断地思考，在什么地方能比同类公司做得更好一点点。他始终保持着一种弱者的心态，看到对手的长处，就寻找通过多做一点点来追赶和超越的办法。

正是这种比别人多做一点点的思考方式，使莱维在公司发展方向的选择上富有预见性，公司创立后的十余年间，他将公司的定位从服务普通消费者转变为服务大量企业客户，随后又在 PC（个人电脑）端呈现没落之态时迅速着眼移动领域。他甚至在人们担心云存储这一行业的信息安全问题之前，就已经做好了充分的准备。美国权威杂志曾这样评价莱维，"他拥有人们对于行业大师所期望的那种智慧和专注，但更难能可贵的是，他还依然保有着如初创公司领导者般的那份全天候痴迷。"

可见，多做一点点，不仅对普通员工，对公司的领导者及创始人，也有着重要的意义。

思考题

有人说"踩点下班天经地义"，也有人说"带薪摸鱼就是赚到"，请结合所学内容谈谈你的看法。

第二节　对工作充满激情

一　将生活的激情带入工作

提到激情这个词，很多人会联想到恋爱、旅行、冒险等关键词。对生活充满激情的人，人生总会有别样的精彩。激情不仅存在于生活中，它更是干事创业、追求工作卓越和人生卓越的必需条件。激情这个词看来和职业精神相距甚远，可它其实是一个人从合格职业人向卓越职业人成长的必不可少的条件之一。

西方学术界在谈及职业精神时，较少使用激情这个词汇，他们常用的是热忱（Warmly）。耶鲁大学教授威尔·费波尔在《工作的兴奋》一书这样描述热忱对人的职业行为所起的作用："对我来说，教书凌驾于一切职业之上。如果有热忱这回事，这就是热忱了。我爱好教书，正如画家爱好绘画，歌手爱好唱歌，诗人爱好写诗一样，每天起床之前，我都兴奋地想着有关学生的事……人在一生中之所以能成功，最重要的因素就是对自己每天的工作抱着热忱的态度。"

人在职场的时间很长，如果能把生活中的激情带入到职场，那便会直接影响自己对职场中的人和事做出正向而积极的判断，即使压力山大，也能因为正向积极的心态和思考方向而转为正向压力，促使自己主动提升工作能动性，提升工作质效，将一切向着积极的方向引导。

反之，如果在职场中总是缺乏激情，抱着"做一天和尚撞一天钟"的想法应付工作，那这种消极的工作态度势必会反噬生活状态。无论生活还是工作，看待事物的角度总是不自觉地趋向负面和消极，遇事容易慌乱和不知所措，拖延、焦虑会形成从工作到生活的恶性循环。激情是在生活和工作中贯穿始终的存在，如果在工作中缺乏激情，那在生活中也很难找到兴奋点，因为工作虽不是全部生活，但却是生活中很重要的一部分。

二　激情是克服压力的灵药

在这个社会中，人们总是无形地承受着各种各样的压力。如前文所述，这些压力有正向也有负向的，有积极也有消极的，而激情就是将这些压力变成正向、积极的灵药。生活中的琐事、同事之间的竞争、上级对工作的要求、技术技能日新月异的发展，这些压力源时时刻刻围绕在身边，当这种颓丧和漠不关心扼杀掉了对工作的热情时，就很容易从热爱工作变成应付工作，从应付工作变成逃避工作，每天对工作既厌倦又无奈，也不知道方向在哪里，这样的人在企业很可能由一个潜在的卓越员工变成平庸员工，甚至被淘汰的员工。

所以，要时刻保持对工作的激情，这不仅是在保证工作的质效，更重要的是它保证了积极向上的思考视角和处事态度。激情是职场人最好的装饰品，它使员工的职业行为向着积极面前进，从而与那些得过且过的员工拉开距离。

只有拥有工作激情，才能使自己对现实中的所有困难和阻碍毫无畏惧，因为激情是一种能调动起全身最大动力的能力。特别在那些需要创新力和创造力的领域，工作激情就是最好的催化剂，因为激情是在职业创造过程中最具有活力的因素，它的活力程度，决定了一个人的投入程度和创造能力。可以这么说，这个世界上最伟大的创造成就总是由聪明的头脑和满满的激情叠加产生出来的。

然而在工作中，缺少激情的人总是屡见不鲜。因为缺乏激情而没有工作动力，甚至相互推卸责任是企业中常见的现象。当工作出现问题的时候，各个部门之间、部门内部的员工之间首先想到的不是如何解决问题，而是怎样推卸责任，任由问题像皮球一样在部门间、人际间不断游走，小问题很可能拖成大问题，还平白增加了企业的交易成本。更严重的是，这种对工作激情的消磨会形成叠加效应，慢慢磨掉团队的士气和企业的精气神。所以，员工的工作激情减退不是小问题，员工缺乏干事创业的激情也绝非小事。

压力无处不在，要用欣赏的眼光和积极的视角去审视它、完成它。想要在工作中保持激情，就要给自己树立一个个小目标，一件件去完成。不要忘记给自己即时鼓励，用这些鼓励保持住对工作的新鲜感，用这些点滴的成就感点燃对工作的激情，让自己始终对工作充满热情、激情，每天都努力向着卓越的目标前进。

第三节　提升学习能力

一　学会不断学习

歌德曾经说过："人不是生下来拥有一切，而是靠从学习中得到的一切。"无论在生活中还是工作中，学无止境一直是陪伴着我们成长的话题。学习不仅是品德和兴趣的驱动，更多的动力来自时代要求和社会进步所带来的竞争压力。在各企业都将人才、创新当作企业生产的重要驱动力的时代，由西方而来的"学会学习""终身学习""学习型班组"等概念已经得到了大多数企业和员工的认可。线上、线下、图文、音视频等学无止境的理想状态正通过这些科技手段逐渐现实化，现代人的学习领域之广、学习途径之多、学习科目之繁、学习人数之众，正在超出前人的想象。

从经济发展的角度来看，在经历了劳动经济和资源经济两个阶段之后，社会经济发展向知识经济过渡。知识经济是建立在知识和信息的生产、分配和使用基础上的经济，其最大的特征就是经济的发展总是随着知识的极速增长而增长，知识和信息成为最重要的资源和第一生产要素，智能资本成为最重要的资本，在知识的基础上形成的科技成为最重要的竞争力。

福特公司有这样一种观点："在你的职业生涯中，知识就像牛奶一样有保鲜期，如果你不能不断地更新知识，那你的职业生涯很快就会衰落。"近50年来，人类社会所创造的知识已经比过去几千年的总和还要多，人类社会已经进入以高科技信息技术为主体的知识经济时代。在劳动经济（农耕）时代，一个人读几年书就可以丰足一生；在资源经济（工业）时代，经历十几年的教育也够用一辈子；而在知识经济的时代，只有不断学习才能不在竞争中被淘汰。

电力行业是一个技术密集型行业，科技含量高，技术性强。近年来，电力企业围绕节能、环保、设备改造、装备技术升级，广泛采用新技术、新设备、新工艺和先进的管理技术，以提高运行安全水平、输送容量和环保水平，节约资源，降低工程投资。为了达到这些目标，学习型的员工和团队是电力企业必然的选择与发展趋势，社会的发展和人民群众对能源供应的新要求，迫使电力企业对其员工的学习能力提出更高的要求。

做学习型员工

企业的人才竞争，不仅指企业内部的员工都是精挑细选的能力出众者，也指优秀的人才能够通过各种途径在企业间自由流动。这种流动的结果是，职场不仅会一直补充精力、思维敏捷的年青员工，也会补充经验丰富、能力突出的资深员工。那么，在一群优秀的同事中间如何显得自己更加突出呢？答案很简单，就是通过不断学习来丰富自我，提升自我，增强自身各方面的优势，让学习成为登高望远的垫脚石。可见，终身学习已成为现代职业精神的重要组成部分。

有人说过，学历只是来时的一张车票，不管是买硬座、硬卧、软卧还是站票，只要到达终点，便都站在了同一起跑线。微软公司的新员工进入公司后即被告知，文凭唯一能代表的就是前三个月的工资，这看似很不通情达理，实际上却包含了企业管理者的危机意识和激励员工不断学习的决心。

彼德·圣吉在《第五项修炼》一书中这样描述学习型员工：敏锐洞察和发现新知识、新技能的能力，学以致用的能力及创新的能力。学习型员工最大的特点是具有高度的自觉性、良好的职业道德和勇于追求自我实现的价值感，他们视学习为其生存和发展的必要，有明确的学习目的，能主动寻找学习机会，能把工作和学习系统、持续地结合起来，在工作中学习，在学习中工作。他们的学习是自觉性、创造性、终身性的学习。

总体来说，可以从三个方面进行学习：

（1）向上级学习。一般来说，无论是技术水平还是工作方法，特别是工作经验，上级都比员工自身优秀很多。由于工作具有同质性和共同性，因此，向上级学习是员工成长的一个捷径。作为一名管理者、领导者，他的责任心、积极的工作态度、交际能力、协调能力都是值得下属借鉴和学习的。向上级学习，要学习他们思考工作和处理问题的角度，学习他们对待工作的激情与责任感，这样员工工作起来，既会站在一个执行者的角度考虑，也会站在一个管理者的角度观察和思考，并会很快发现自己与企业的共同之处，工作起来目标更明确，也更容易获得上级的认同与赏识。

（2）向同事学习。在工作过程中，交往最多的是同事，无论老同事还是新同事，都是自己工作中的一面镜子。有的同事工作效率高，有的同事关系处理得好，有的同事工作总能做在领导想要的点子上，有的同事协调能力强……只要善于观察，总可以从同事身上找到对工作非常有用的知识与技能。另一方面，同事身上也总会有这样那样的缺点，也会犯错误，认真观察这些缺点自己是否也存在，用心思考同样的错误自己是否会犯，这样就能不断完善自身。

（3）从客户身上学习。企业员工的工作大多是为了满足客户的需求所进行的，无论是上游客户还是下游客户，客户的要求及其所提供的经验就会成为工作经验的重要组成部分。认真分析客户的需求，对不同客户需求进行分类、归纳和总结，这些看似简单的步骤会给产品创新和服务创新带来意想不到的灵感。

┃ 延伸阅读 ┃

阅读材料三：配电网战线上的"排雷兵"

江苏省盐城供电公司员工刘宁军，从部队退伍就进入配电工区工作，他深知自己专业基础薄弱。白天，他挥汗于市区大街小巷的城网改造、报修、操作等现场；夜晚，他用业余时间提高专业理论知识。在复杂的线路、设备施工过程中，刘宁军对工作中的点滴经验加以总结，并做好详细的书面记录。每次施工结束后，他都拿出自己在现场的记录，对施工中的好做法和出现的问题进行分析、总结，搞清技术难点，为下次施工做好准备。近年来，配电逐渐走向"变电化"，配电网施工中也有自己独特的工艺要求。每一次配电网新设备使用前，他都虚心地向生产厂家请教，并与班组成员仔细研究相关设备资料和图纸，编写设备的典型操作票和危险点分析与预控措施。很快，刘宁军便从一个对业务一窍不通的毛头小子成长为工区的业务骨干，被誉为配电网战线上的"排雷兵"。

思考题

刘宁军身上有哪些学习型员工的好品质？

三　修炼学习力

彼德·圣吉在《第五项修炼》中有这样的描述："未来唯一持久的优势，就是比你的竞争对手学习得更快。"在 21 世纪，企业和个人面临的竞争，其实质是学习力和知识应用的竞争。一个企业是否有竞争力，不仅要看这个企业取得了多少成果，更要看这个企业有多强的学习力。就像树的生长情况一样，不能只看到它枝繁叶茂（利润与产值）、果实累累（企业的产品与成果），还要看它的根（学习力）。

所谓学习力，是人们获取知识、分享知识、使用知识和创造知识的能力，是动态衡量一个组织和个人综合素质与竞争力强弱的尺度。一个人的学习力主要体现在快速获取信息与知识的能力、更新观念的能力、持续不断的创新能力等方面。要有效提高学习力，必须做到以下几点：

（1）坚持主动学习。在学生时代，容易把学习当成一种负担和包袱，学习是被动的。进入职场后，学习已成为市场竞争取胜的法宝，成为生活的重要组成部分。职场中的学习应该是主动、自觉、积极的。这种主动还体现在学习速度上，$L \geq C$（L 为学习速度，C 为变化速度），只有让学习速度大于或至少等于变化速度时，才能适应快速发展的职场变化，并且不断走向卓越。

（2）运用多元的方式。过去的学习主要靠书本、课堂、老师，资源大多是静态、单一的，时间是充裕的。进入职场后，能够专门投入学习培训的时间变得稀少，就需要投入除工作以外的业余时间、碎片时间进行学习。学习的方式也更加多元，网课、音视频资源等通过手机、电脑等可以很灵活地获得，这也给学习提供了更多选择。同时，现代企业越来越注重对员工的定制化培训，这种具有高度目标性和实用性的培训能在短时间内提升员工的知识和技能水平，因此，一定要珍惜并用好企业为员工提供的每一次培训机会。

（3）强调学以致用。学生时代的学习，偏重知识的获得与理解，即偏重脑力的活动，重点在学。进入职场，学习则偏重知识的运用、转移和迁移，偏重人的全面素质的提高，学习的目的性更强，即重点在习，习比学更重要。

（4）注重团队学习。在学生时代，学习好像是个人的事，与别人关系不大，学习以个人为主。进入职场后，更加强调的是团队学习。特别是在电力企业，独狼式的员工是与企业文化格格不入的，只有集思广益、配合默契、共同学习提高的团队才能战胜对手，进而共同迈入卓越之路。

▍延伸阅读▍

阅读材料四：上海地图

美籍华人物理学家李政道教授访问了中国科技大学。李教授在同少年班的同学们进行座谈的时候曾经说过："考试，仅仅是考一个人的记忆的能力以及技巧的运用。但是，这不是学习的重点，重点应该是能力的培养。"顿时，座谈会活跃起来。

李教授问："你们谁是上海来的学生？"

"我是。"一个大学生答。

"你对上海的马路熟悉吧？"

"差不多都熟悉。"

"那好。我再找一个从来没去过上海的同学。"李教授一边说，一边指着另外一个大学生："好，比如你，没去过上海。现在我给你一张上海地图，告诉你，明天考试的内容是画上海地图，要求标出全部主要街道的名称。"随后，李教授又开始回头对着那个上海同学说："不过，并不告诉你。第二天，叫你们俩来画地图。你们大家说，他们俩，哪一个地图画得好一些？"

同学们不约而同地指着那位没去过上海的同学，齐声说："当然是他画得好一些。"

"大家说得对！"李教授很兴奋，接着说："他虽然没去过上海，但是他可以连街道名称都标得准确无误。不过，再过一天，如果把他们俩都带到上海市中心，并且假定上海市所有的路牌都拿掉了。你们说，他们俩哪一个能从上海市中心走出来？"

同学们都笑了，答案是显然的。

李教授说："我们进行科学研究，其实就是一直在没有路牌的地方不断走路和探索。只有当我们不断多走，才能更好地熟悉脚下的路。尽管有些人地图画得好，考试也能够得到满分，但是你走不出去啊。因此，真正的学习是培养自己的能力，也就是在培养自己学习的能力，培养自己在没有'路牌'的区域也可以更好地走路的本领，这才是学习的目的。"

思考题

你认为职场中的学习力还能通过哪些途径来提升？

第四节　努力创新创效

创新是知识经济时代的特征，是企业发展的动力和源泉，也是企业未来能够实现更好发展的必然要求。效益是企业生存和发展的根本目标，企业没有效益难以生存，所以企业要不断进行创新，创造更多的效益，坚持走创新发展的道路。

一　企业需要创新人才

习近平总书记强调：创新是引领发展的第一动力。在党的十九大报告中，创新一词出现 50 余次，理论创新、实践创新、制度创新、文化创新及其他各方面创新，中国无疑是现代大国中最具创新能力与动力的国家。

电力企业面对的外部环境正在发生深刻的变化，知识经济改变了企业财富的积累速度与方式。电力企业要在这个复杂多变的环境中维持自己生存和发展的能力，进一步参与国际竞争，必须依赖企业在产品结构、组织体系、市场拓展等方面不断地创新，其中最主要的就是机制创新、管理创新、技术创新和服务创新。企业大不等于强，企业强必须有核心竞争力，而现代企业的核心竞争力就是创新能力。

企业的创新能力是员工创新能力的合力，无论是技术的革新还是困局的突破，创新型员工都是企业发展的助推器。"一流员工主动创新，二流员工被动创新，三流员工拒绝创新。"这句话诠释的正是这个道理。

二　创新型员工的基本特征

创新型员工的基本特征主要包括创新精神、创新能力和创新成果三个方面。创新精神是指一个人的创新意识、创新思维、创新技能和创新情感；创新能力就是创造力，指能够把所学到的知识融会贯通并通过思考使它们重新叠加、交融、嬗变，产生新的知识的能力；创新成果是创新精神与能力的具体体现，是衡量创新精神与能力的标准。大多数企业并不缺人，也不缺少人才，但缺少给企业带来明显效益的创新人才。因此，目前大多数企业在招聘员工时，已由看重学历到看重经验，再到看重是否具有创新精神。

想要把自己培养成为创新型员工，首先就要打破思想上的藩篱。创新并不是天才的专利，要破除对创新的畏难情绪，坚信每个人都有创新潜力。只要转换思维方式，培养和运用创新思维，创新就无时不有、无时不在。

案例一：两个推销人员到一个岛屿上去推销鞋。第一个推销员到了岛屿上之后，气得不得了，因为这个岛屿上每个人都是赤脚。他气馁了，没有穿鞋的习惯，怎么推销鞋？于是他马上通知公司的鞋不要运来了，因为这个岛上没有销路。第二个推销员高兴得几乎昏过去了，他认为这个岛屿上的鞋的销售市场太大了，因为每一个人都不穿鞋，要是一个人穿一双鞋，那可以销售多少双鞋出去，他马上通知公司赶快空运鞋。

同样一个问题，通过创新思维得出的结论就不同。创新思维就是不受现成的常规的思路的约束，寻求对问题全新的、独特性的解答方法的思维过程。创新思维是相对于传统性思维而言的，而且这种思维其实每个人都有。

案例二：一个小学的课堂上，一位学生问："老师，天上有几个太阳？"另一个学生回答："天上有好多太阳。"这时老师说话了："不对，天上只有一个太阳。"

其实，宇宙浩瀚，像太阳这样的星体何止一个。小学生的话和老师的话都有各自的道理和角度，站在思维方式的角度上，显然老师是一种定势思维，而小学生是一种创新思维。

就拿发明创造来说，发明家也不是都有天生的魔力，事实上，许多影响人类生活的发明创造，如微波炉、圆珠笔等，都不是专业人士的杰作，而是普通人的神来之笔。

延伸阅读

阅读材料五：小鸟的新家

每座高压铁塔都有很多绝缘子串，绝缘子串下方就是高压电线。绝缘子串附近材料交叉，成了小鸟筑巢的理想场所。鸟巢往往会垂下一些草，有的直接搭在绝缘子串下方的高压线上，如果遇到雨或雪，被打湿的草很容易造成高压线放电。这不仅威胁鸟的生命，还会造成重大电网事故，厦门电网 2000 座高压铁塔中，有近 800 座位于鸟害重灾区。

叶色亮是福建省厦门电业局送电部线路一班班长，他所在班组的一项特殊任务是防止繁殖季节鸟在铁塔的危险部位筑巢。几年前，叶色亮和同事们的防鸟法是迁移或拆掉鸟巢，但鸟的"违章建筑"上午刚被拆除，下午就重新筑上了。后来叶色亮和同事们发明了防鸟箱、风动式驱鸟器，还用上了高科技设备——一种外形像老鹰的超声波驱鸟器。但光靠吓唬是得不到长期效果的，一段时间后，小鸟们渐渐识破了纸老虎的把戏，竟然又回来重新筑巢。叶色亮和同事们又制作了一批旧搪瓷的箱子，还特意给这种工艺考究的鸟箱漆成了绿色。不过，只有极少数的小鸟住了进去，大多数小鸟对这种豪华套间并不领情，眼看鸟害季节又要来了，叶色亮和同事们再次上门请教鸟类专家。原来，不领情的鸟是用树枝做巢的，鸟箱自然不合适，于是叶色亮来到竹器市场向摊贩订制了一些尺寸合适的筐，在筐里放些干稻草，再把竹筐装到高压铁塔的安全部位。一个星期后，他们惊喜地发现，小鸟终于在里面筑巢了

越来越多的鸟搬进了他们提供的安居房。2007 年以来，他们用竹筐编引鸟巢，成功迁移了 140 多个鸟窝。"有时候我们去检修，听到小鸟在引鸟巢里叽叽喳喳叫，好像在欢快地唱歌，心里真是惬意啊。"

鸟害是电网安全不得不面对的一个问题。一路"升级打怪"，连超声波都用上了，还是解决不了问题。但最后就因为转换了一下思路，因"鸟"制宜，变赶为引，问题立马得到了解决。

三 突破思维定势

只会使用锤子的人，总把一切问题看成钉子。平时我们之所以不能创新，或者不敢创新，是因为总是从惯性思维出发，以至于顾虑重重，束手束脚。在一些高危行业，包括电力行业，规则事关全局和安全，是铁的纪律。但在工作思路、过程和方式方法上，可以试着用多种眼光审视，用多方面去观察，从常规中寻求新意。对一个问题，可以通过组合、分解、变换、求同存异等方式，让思维拓展，寻求多种多样的解决方式，从而创新出全新的方法。培养创新思维，可以从以下几方面尝试：

（1）学会转换角度。有些事情按照常规的方法去做，常常会遇到困惑或瓶颈，这是由于人们在同一角度或常规角度去思考，如果换一个视角思考，就会豁然开朗。

（2）学会发散思维。发散思维又称辐射思维、放射思维、扩散思维或求异思维，是指大脑在思维时呈现的一种扩散状态的思维模式。它表现为思维视野广阔，呈现出多维发散状。发散思维有多种形式，既有个人的多层面思考，也包括工作集体的头脑风暴等方法。

（3）学会联想思维。联想思维指人脑记忆系统表象系统中，因某种诱因发生联系的一种没有固定思维方向的自由思维活动。在生活中，联想能够运用于多个方面，特别是在科学发明、仿生学等领域，联想思维都发挥了重要的作用。

（4）学会逆向思维。逆向思维也叫作求异思维，它是对司空见惯的似乎已成定论的事物或观点反过来思考的一种方式。敢于反其道而行之，不依赖别人的判断，用辩证的特别是批判的眼光去看待问题，让思维向对立面的方向发展，从问题的相反面深入地进行探索。不迷信权威，不被规则和条款固化，凡事多问几个为什么，多想几个也许能。

（5）学会反思。读书学习时，不只限于教科书的立场与观点，保持思想的灵活性，对看过的知识、学过的技能能进行总结性的审视与思考。注重学习的基本方法，明确读书的目的是获得思考的方法和路径，在获取知识的同时不忘寻获最适合自己的答案。

（6）多想办法。普通员工在面对问题的时候想到的也许是"我没有办法""只有这个办法"，但创新型员工的座右铭应该是"我想想办法"。当面临新问题需要解决，或者遇到新问题需要上级定夺时，先逼着自己想出三种以上的解决办法，这样新问题才能在比较中得到更好的解决。要相信办法总比困难多。

（7）努力证明自己的想法。在创新领域没有馊主意这个词，过去的想法在当时也许不合时宜，但放在现在，可能是一个绝佳的主意。当有了新的想法以后，不妨先记下来，有空多问自己几个为什么，再向身边的朋友、老师表达，看看他们有什么想法。反思和表达时，多从不同的角度去证明自己是对的，说不一定突然有一天你会有意外的收获。

| 延伸阅读 |

阅读材料六：扎根运维检修一线的"发明家"

豆河伟，中共党员，国网陕西电力榆林供电公司运维检修部专责，国家电网公司工匠，先后获国家专利技术40项、国网陕西电力科技进步奖24项、职工创新发明奖11项，获中央企业劳动模范、全国电力行业技术能手、陕西省五一劳动奖章等荣誉。

对豆河伟来说，创新精神只有两点，一是善于发现问题，一是敢于解决难题。

　　2007 年，刚入职不久的豆河伟发现自己在学校所学的知识远远赶不上实践操作的要求。看着同事们忙得热火朝天，他却只能站在一旁，感到无从下手。他给父亲打电话倾诉，父亲开导他："不会就学，只要你愿意学，啥都能学会。平时勤快点，不懂就问。"父亲的话增添了豆河伟学习的信心。他开始跟着老师傅们认真学，拿着笔记本记下同事们的操作方法。他还抢活干，主动要求加班，通过不断实践来提高能力。

　　豆河伟逐渐掌握了电气试验、变电检修、变电运行、继电保护等方面的理论知识及实操经验，取得了电气试验技师、变电检修技师、继电保护高级工等一系列职业技能证书。他的笔记本一本本叠起来，足足有 1.6 米高。渐渐地，同事们也会找他询问工作中的一些问题，他在不知不觉中也成了别人眼中的老师傅。

　　2015 年 5 月，国网榆林供电公司星火创新工作室成立，豆河伟成为工作室的负责人。他在准备第一个创新计划时，想到了刚入职时遇到的一次意外。

　　那是 2008 年的一个夏日，豆河伟和同事在府谷县 110 千伏黄埔川变电站进行高压试验工作。在悬挂接地线时，一名同事不慎从梯子上摔了下来，所幸伤势不重。豆河伟向经验丰富的同事请教："我们每次都严格遵守安全规章制度，怎么还会发生这种事情？我觉得咱们用的接地线需要进一步优化，而且每次搬着梯子挂接地线也不太方便。"

　　能不能设计一款轻便、可随意调整长度，并且无须登高就能完成悬挂接地线的新型安全工器具？那段时间，豆河伟天天琢磨这个问题。一天晚上，他心不在焉地干着家务，突然发现家里的拖把杆有伸缩功能，激动地一拍脑门，立刻坐到书桌前，根据伸缩拖把杆的原理绘制设计图纸。经过钻研，他最终设计出一款有伸缩功能的接地线杆。

新的问题又来了，这款伸缩式接地线接口处怎么设计都存在接触不良和滑落的风险。豆河伟废寝忘食找寻解决办法，经过反反复复的研究试验，他为伸缩式接地线组加上了双锁扣，使得接口处变得更牢固，接地线不再出现滑落。为了适应不同线径尺寸要求，他还根据现场母排和钢芯铝绞线的尺寸设计出不同型号的接地线夹头，让大家再也不用进行登高作业来悬挂接地线。这项名为"伸缩分体式成套接地线组"的发明获得国家实用新型专利授权。

思考题

结合材料谈谈豆河伟在工作过程中运用了哪些创新思维？

第九章
放飞理想

📖 **本章导读：**

中华民族能够在 5000 多年的长河中生生不息、薪火相传，孕育出悠久辉煌的历史文化，很重要的一个原因，就是拥有着坚定的理想信念。在新时代提倡职业精神，让职业精神在家国情怀和职业理想的交织下，与时代同频共振，在新时代潮头中书写崭新的奋斗华章，这不仅具有深刻的历史必然性，还有着强烈的时代意义。

通过本章学习，让学习者进一步提升职业操守，树立职业理想，厚植家国情怀，努力当好新时代的奋进者，传承工匠精神，践行实干兴邦，成就技能报国，为实现中华民族伟大复兴的中国梦贡献自己的力量。

✍ **学习目标：**

1. 掌握职业操守的内容。

2. 掌握理想追求的内涵。

3. 正确认识理想追求与中国梦的关系。

4. 正确理解家国情怀之"家""国"之间的联系。

对工匠精神传承性的创新是全民族素质提升的重要内容。在这个科技高速发展、创新层出不穷的时代，决不能把工匠精神简单地理解为手工劳动者应该具备的独特精神，应当把它作为所有职业人都具备的品质。

中华民族的伟大复兴离不开一代代人的接续奋斗，每一个人的梦想都因奋斗而闪光，正是这一颗颗朴实无华的匠心，构成了新时代中国社会的富强底色，赋予了中华民族面对一切风险挑战的坚实底气。在本章中，将围绕着职业操守、理想追求、家国情怀深入学习工匠精神，勠力同心，匠心筑梦。

第一节　职业操守

在市场竞争愈发激烈的当今，社会分工更加专业化、精细化，整个社会对从业者的职业操守要求也越来越高。良好的职业操守不仅在各行各业起着制约和引导作用，也维持着社会经济生活的发展秩序。

一　职业操守的内涵

根据《现代汉语词典》的释义，操守是"指人平时的行为、品德"。自古以来，不乏歌颂品德操守的诗词，刘禹锡的《陋室铭》"斯是陋室，惟吾德馨"，郑思肖的《画菊》"宁可枝头抱香死，何曾吹落北风中"，周敦颐的《爱莲说》"予独爱莲之出淤泥而不染，濯清涟而不妖"，司马迁的《史记·李将军列传》"桃李不言，下自成蹊"，这些诗词都表达了诗人的操守修炼。一个人的操守就是他的行为准则。一个人能够守得住原则，守得住底线，便是有所坚守，有所坚守的人必定有所拒绝。从守和拒、取和舍之间，可以看出一个人志趣的高与低，品格的优与劣。

从业者在职业活动中体现出的行为品德即为职业操守，是指从业者在职业活动中应当遵守的具有职业特征的品行道德和行业规范。一砖一瓦砌成事业大厦，一点一滴创造美好生活。世间一切美好，往往都蕴含着职业操守的光芒，凝聚着从业者的品德风范。一个推崇敬业乐业的民族，必定是令人肃然起敬的民族；一个弘扬职业操守的社会，必定是一个活力涌流、文明进步的社会。在今天这个礼敬崇高职业理想、张扬高昂奋斗精神的社会主义大家庭，在"劳动最光荣、劳动最崇高、劳动最伟大、劳动最美丽"的新时代，职业操守的重要性不言而喻。职业操守是一笔宝贵的社会精神财富，直接引领社会物质财富的创造，厚植起个人安身立命的坚实基础，为强国建设、复兴征程注入澎湃活力。

⬛ 职业操守的内容

"伟大出自平凡，平凡造就伟大。"在仰望星空的同时脚踏实地，充分诠释出以爱岗敬业、诚实守信、办事公道、遵纪守法、服务群众和奉献社会为主要内容的职业操守。

爱岗敬业。俗话说："三百六十行，行行出状元。"各行各业都有杰出人才，无论从事什么职业，要想在百舸争流、千帆竞发的洪流中勇立潮头，只有热爱自己的工作岗位，秉持认真负责的工作态度，敬重职业操守，勤奋踏实谋事，才能赢得优势，做出成绩。爱岗敬业是职场文化的基础，是从业者对工作恪尽职守的生动诠释。

诚实守信。诚实守信自古以来就被视为美德的重要内容，在我国思想建设中具有至关重要的作用，有"得黄金百斤，不如得季布一诺"的一诺千金，有"今子欺之是教子欺也"的曾子杀猪，有"一人徙之，辄予五十金，以明不欺"的立木为信。随着社会发展，现代化进程不断拓展，社会关系和人际交往中的不确定性和流动性增加，构建诚实守信的和谐社会不仅是社会主义核心价值观的重要体现，也与中华民族重信守诺的传统美德一脉相承。"人先信而后求能。"在职业操守中，诚实守信是扎根之基、立身之本，体现着从业者的职业操守和人格魅力。

办事公道。办事公道是在爱岗敬业、诚实守信的基础上提出的更高层次的职业操守要求。在职业生活中，从业者需恪守公平、公正，坚持原则，实事求是，不假公济私，不以权谋私，法有所本，行有所依，以公道之心办事，遵循道德和法律规范，以国家和人民的利益为重，公平合理地处事待人。

遵纪守法。人无法不立，业无法不兴。遵纪守法是每个从业者必须遵循的基本行为准则，是建设中国特色社会主义和谐社会的基石。对于职业活动而言，要求从业者遵守职业纪律和与职业活动相关的法律法规，具体体现在学法、知法、守法、用法，遵守职业纪律和规范，树立以遵纪守法为荣的社会主义道德观，人人守法纪，凡事依法纪，在各行各业营造出遵纪守法的良好生态。

服务群众。为人民服务是社会主义道德建设的核心，各行各业的从业者都要以服务群众为目标。无论从事什么工作、工作能力如何，都应该在工作岗位上通过不同形式为群众服务。如果每一个从业者都能自觉遵循服务群众的要求，社会就会形成人人都是服务者、人人又都是服务对象的良好秩序与和谐状态。

奉献社会。奉献社会是职业操守中最高层次的要求，需要从业者立足于自身的职业岗位，脚踏实地、兢兢业业地为他人和社会作出贡献。奉献社会体现了社会主义职业操守的最高目标指向。

● 职业操守的重要性

职业没有高低贵贱之分，任何一份创造价值的职业都很光荣。在职业活动中，牢固树立"劳动最光荣、劳动最崇高、劳动最伟大、劳动最美丽"的观念，弘扬工匠精神，干一行爱一行，爱一行钻一行，精益求精，在平凡的职业岗位上拼搏出不平凡的成绩。只要有鼓足勇气、力争上游的决心，就可以在宽广的职场舞台上展现自己的才华，发挥自身的价值。许许多多平凡而感人的事迹就充分地印证了这一观点。

一生择一事，一事一终生。"敦煌守护者"樊锦诗诠释了衣带渐宽终不悔的职业操守。50多年来扎根大漠，守护着荒野中的敦煌洞窟，潜心石窟考古研究，完成了敦煌莫高窟北朝、隋、唐代前期和中期洞窟的分期断代。在全国率先开展文物保护专项法规和保护规划建设，探索形成石窟科学保护的理论与方法，为世界文化遗产敦煌莫高窟永久保存与永续利用作出重大贡献。

披荆斩棘科研路，扎根深山志高远。"中国天眼之父"南仁东展现了脚踏实地与仰望星空的职业操守。我国自主研发的500米口径的球面射电望远镜像一声惊雷，震惊了全世界的同时也打破了西方国家在该领域内的绝对霸权。"天眼"就像是属于中国的智慧之眼，望向深邃的宇宙，将无尽的广阔尽收眼底，取得这一举世震惊的成就离不开南仁东二十二年呕心沥血的钻研。无论是方案设计，还是"天眼"最终落地选址，数年如一日地亲力亲为，一笔一画地描绘，一步一步地推进，书写了作为一名科学家的荣光与梦想，坚韧不拔地推动我国科研事业的发展。

传承马班邮路精神，坚守高原信使职责。四川木里藏族自治县地处青藏高原东南角，高山连绵起伏，平均海拔3000多米。21世纪前，当地大部分乡镇都不通公路和电话，于是乡村邮递员成了连接大山深处和外界的桥梁。年仅19岁的王顺友从赶了30年马班邮路的父亲手中接过马缰绳，从此开始了自己半个甲子与马为伴的生活。翻越海拔从1000米到5000米不等的高山，穿越野兽出没的原始森林、险峻沟壑，一年的路程相当于两万五千里长征。长途漫漫的孤寂，突如其来的危险，他仍数十年如一日地坚守在邮政岗位上，传承马班邮路精神。

开辟新工人成才路，托举纺织业技术梦。邓建军是一名在职30余年的技术工人，尽管刚进厂时只是中专毕业的维修工，但是他从来没有停止学习，先后自学获得大专文凭、本科学历，攻读电气工程硕士学位。在工作岗位上，不断攻克行业难题，经他改造研发的设备具有稳定、耗能低、可操作性强的特点，成功打破了纺织行业国外设备垄断市场的现状。他主持的项目实现了牛仔纱线生产过程无盐染色，节水、节能效果显著，使得牛仔产品的花色品种得以丰富，技术达到了国际先进水平。由一位普通的青年工人成长为新时代产业技术工人创新发展的楷模，邓建军用实际行动诠释着职业操守的深刻内涵。

这些在各行各业兢兢业业的先进工作者们，带动全社会形成锐意进取、积极投身社会主义现代化建设的氛围，为国家、社会和人民作出了杰出贡献。从他们身上展现出的爱岗敬业、争创一流、艰苦奋斗、勇于创新、淡泊名利、甘于奉献的职业操守，是极其宝贵的精神财富。

第二节　理想追求

习近平总书记在党的十九大报告中指出："青年兴则国家兴，青年强则国家强。青年一代有理想、有本领、有担当，国家就有前途，民族就有希望。"青年处于人生的拔节孕穗期，更需要精准滴灌，志存高远，树立崇高的理想追求，把握正确的人生方向。

一　理想追求的内涵

（一）理想的内涵

在《现代汉语词典》中，理想一词的含义是这样解释的：作为名词时，表达的是对未来事物的想象或希望（多指有根据的、合理的，跟空想、幻想不同）；作为形容词时，表示符合希望的、使人满意的。理想作为一种观念意识形态，是人类特有的一种精神现象，它产生于人们的社会实践中，指引着前进方向，又在实践中得以检验和完善；它源自现实，又高于现实，不同于虚幻、假想，具有极强的现实可能性；它建立在一定的时代生产发展水平之上，厚植于社会土壤中。

《诗经·唐风·蟋蟀》记载："无已大康，职思其外。好乐无荒，良士蹶蹶。"劝人行乐张弛有度，勤于职事，树立做贤士的志向。可见，早在我国古代社会，理想就已萌芽。伴随着社会的不断发展，以诗词言志成为文人志士们抒发理想的一种重要方式，涌现出大量脍炙人口的诗句，流传至今，如"老骥伏枥，志在千里""夜阑卧听风吹雨，铁马冰河入梦来""壮心未与年俱老，死去犹能做鬼雄""有志不在年高，无志空长百岁"。古往今来，理想之所以成为人们为之不懈奋斗的目标，是因为它不仅体现了个体意志性，更实现了客观必然性与主观能动性的有机统一。

（二）追求的内涵

根据《现代汉语词典》的解释，追求是用积极的行动来争取达到某种目的。古往今来，人们对人生目的的探索从未停止过，思想家们孜孜以求留下了难以计数的答案。在各式各样的关于人生目标的思想中，高尚的人生目标总是与奋斗奉献联系在一起。青年们只有把自己的人生目标与国家前途、民族命运、人民幸福联系在一起时，才能更好地把自己的一生奉献于利国利民的事业。

一个人确立了人生追求，才能清楚地把握人的生命历程和奋斗目标，深刻理解人为了什么而活、应走什么样的人生之路等道理。一个人的能力有大小、职业有不同，但只有自觉把个人之小我融入社会之大我，不为狭隘私心所扰，不为浮华名利所累，不为低俗物欲所惑，才能够在推动社会进步中创造不朽业绩。一个人确立了人生追求，才能以正确的人生态度对待人生、解决实际生活中的各种问题，以人民利益为重，始终对祖国和人民具有高度的责任感，在服务人民、奉献社会中实现自己的人生价值。一个人确立了人生追求，才能掌握正确的人生价值标准，才能懂得人生的价值首先在于奉献，自觉用真善美来塑造自己，不断培养高洁的操行和纯朴的情感，努力使自己成为一个高尚的人。

（三）理想追求的内涵

理想追求作为一种社会意识、一种精神现象，是指人们对未来的向往和追求，这种向往和追求是人们坚信不疑的，并以坚韧不拔的毅力去为其奋斗、拼搏。理想追求实际上是理想和追求融合在一起而形成的一个的概念，是相辅相成的关系，是顺应现实需要而逐步形成的。理想是主要指向未来的，重在标志人与其奋斗目标的关系，而追求则重在面对现在，强调人对奋斗目标的实际行动。追求以理想为出发点，理想为追求的终极目标。理想决定着追求，决定着目标与方向，有什么样的理想就会有什么样的行动。追求是理想的实现途径，它是人们的具体行动，反映了主体价值目标实现的整个过程。理想的构建需要对真理的坚定信念、对价值的高度认同、对情感的深度融合。

理想追求是青年们成长成才的必经之路。理想追求指引着青年们的奋斗目标，引导青年们怎样做人。理想追求，可以使人方向明确、精神振奋，即使在前进中遇到挫折，也能使人看到希望，不迷失前进的道路；理想追求是人生力量的源泉，给人们向着既定的目标奋斗提供了动力；理想追求作为人精神生活的核心内容，引导人们不断地追求更高的人生目标，提高精神境界。青年们只有树立了崇高的理想追求，才能明确学习的目的和意义，激发起为国家富强、民族振兴和自身成才而努力学习的强烈责任感和使命感，为建设国家和服务人民而努力学习。

⚊ 崇高的理想追求

理想追求是一个思想认识的问题，更是一个实践问题。如果说，现实是此岸，理想是彼岸，那么，唯有实践才是联系二者的桥梁。理想不等于现实，理想的实现往往要通过一条并不平坦的曲折之路，有待于脚踏实地、持之以恒的奋斗。

坚持个人奋斗目标与国家、民族的奋斗目标相统一，把个人理想追求融入社会的理想追求之中，在为实现社会理想追求而奋斗的过程中实现个人理想追求，这是青年们成长成才的必由之路。个人理想追求是指处于一定历史条件和社会关系中的个体对于自己未来的物质生活、精神生活所产生的种种向往和追求。社会理想追求是指社会集体乃至社会全体成员的共同理想追求，即追求在全社会占主导地位的共同奋斗目标。个人理想追求与社会理想追求的关系实质上是个人与社会关系在理想追求层面的反映。个人与社会有机地联系在一起，二者相互依存、相互制约、共同发展。同样，社会理想追求与个人理想追求也不是彼此孤立的，它们之间互相联系、互相影响。

在中国共产党领导下，坚持和发展中国特色社会主义，实现中华民族伟大复兴，必须树立中国特色社会主义共同理想。这个共同理想，把国家、民族与个人紧紧地联系在一起，把各个阶层、各个群体的共同愿望有机结合在一起，集中代表了我国工人、农民、知识分子和其他劳动者、建设者、爱国者的利益和愿望，有着广泛的社会共识，具有令人信服的必然性、广泛性和包容性。青年们要牢固树立在中国共产党领导下走中国特色社会主义道路、为实现中华民族伟大复兴而奋斗的共同理想。

二　为实现中国梦放飞理想追求

习近平总书记说过，"青年最富有朝气、最富有梦想""中华民族伟大复兴终将在广大青年的接力奋斗中变为现实"。青年的前途与国家、民族的前途息息相关，没有国家、民族的前途也就没有青年的前途。

青年一代是有理想、有追求、有担当的一代，但个人的理想追求并非是孤立存在的，而是与党和国家事业发展紧密相连的。习近平总书记在给中国石油大学（北京）克拉玛依校区毕业生的回信中提出了殷切期望："把个人的理想追求融入党和国家事业之中，为党、为祖国、为人民多作贡献。"党和国家的发展为青年一代创造了个人理想追求的机遇，提供了承载青春、成就奋斗的条件，而青年们则应把个人理想追求有机融入党和国家事业发展之中，科学定位、校准和实现个人理想追求，由内化于心向外化于行积极转化。

青年一代未经历旧中国的内忧外患与新中国成立之初的筚路蓝缕，却经历了中国成为全球第二大经济体，见证了"神舟"上天、"嫦娥"探月、"蛟龙"入海，感受了被高铁、移动支付、共享经济改变的生活，参与了奥运会、世博会等宏伟盛世，满怀豪情走进了中国特色社会主义新时代。如今，青年们接过新时代的接力棒，在实现中华民族伟大复兴的接力跑中，不忘初心、牢记使命，带上革命一代、建设一代、改革一代的支持与期许，奋勇争先，跑出好成绩。

第三节　家国情怀

《礼记·大学》里记载："古之欲明明德于天下者，先治其国；欲治其国者，先齐其家；欲齐其家者，先修其身。"在每个中国人的世界里，都有三个同心圆的命运共同体，由内而外，分别叫作个人、家庭和国家。我们国家之所以能够穿越数千年历史风雨，不仅成为四大文明古国中唯一传承至今的文明，而且渡尽劫波，愈战愈勇，至今仍然以强者的姿态屹立于世界民族之林，足以证明全体人民是命运与共的一家人。家和国合称家国，家国情怀就是对个人的超越。

一　家国情怀的内涵

家国情怀是中华优秀传统文化的重要内容。在中国古代社会，人们生活的共同体由家、国出发，直至天下，这是典型的家国同构。家国情怀以天下一体为逻辑基础，以忠孝一体为价值凝练，以经邦济世为社会实践方式，追求天下太平的价值理想。在天下一体的世界图式下，人们以"奉天"为行为依据，以爱人、惜物、守礼为基本要求。可见，古人对自然界的欣赏和尊重、对自然规律的顺应、对自然事物的爱惜和善用，共同构成了中国古代朴素生态伦理思想的基本内容。

工业社会以来，人对自然界的态度由早期的敬畏自然、尊重自然、顺应自然变成利用自然、改造自然，由此引发生态危机。习近平总书记多次在不同场合指出我国生态文明建设与优秀传统文化之间的关系，即"我们应该遵循天人合一、道法自然的理念，寻求永续发展之路"。他提出"人与自然是生命共同体"的理念，强调"建设生态文明，首先要从改变自然、征服自然转向调整人的行为、纠正人的错误行为。要做到人与自然和谐，天人合一，不要试图征服老天爷"。随着科学技术不断发展，习近平总书记把古代家国情怀中人对自然的尊重，发展为人在改造自然的基础上与自然和谐共生。这种家国情怀重要论述建立在生产力进步的基础上，强调生态文明建设的目的是民生福祉，坚持生态文明建设为了人民、依靠人民，生态文明建设成果由人民共享，为传统家国情怀注入了新的时代内容。

二　家国情怀与社会主义核心价值观

"中华文明绵延数千年，有其独特的价值体系。中华优秀传统文化已经成为中华民族的基因，根植在中国人内心，潜移默化影响着中国人的思想方式和行为方式。提倡和弘扬社会主义核心价值观，必须从中汲取丰富营养，否则就不会有生命力和影响力。"社会主义核心价值观弘扬爱国主义、集体主义、社会精神，把国家、社会、公民的价值要求融为一体。建设现代家国情怀离不开对传统家国情怀的传承，提炼具有时代性、先进性的内容进而创造性转化和发展，从而实现社会主义核心价值观与现代家国情怀的内在互动。家国情怀引导着社会主义核心价值观，社会主义核心价值观体现着家国情怀。家国情怀在屈原"亦余心之所善兮，虽九死其犹未悔"的忠贞情怀里，在王昌龄"黄沙百战穿金甲，不破楼兰终不还"的不拔之志里，在岳飞"靖康耻，犹未雪。臣子恨，何时灭！驾长车，踏破贺兰山缺"的凌云壮志里，在戚继光"繁霜尽是心头血，洒向千峰秋叶丹"的报国之心里。无数的仁人志士将个人发展融入天下兴亡的家国大局之中，勇于担当，肩负起保家卫国的重任。在社会主义核心价值观中，国家层面、社会层面和公民层面三者之间相辅相成。国家富强、民主、文明、和谐的实现离不开公民爱国、敬业、诚信、友善的实践，社会的自由、平等、公正、法治需要公民的自我管理约束才能构建。

三　家国情怀之"家"

《辞海》中家风是指一个家庭或家族的传统风尚和作风。一个家庭在道德准则、价值取向、生活习惯及品味风尚等方面都能体现出家风的特点。历史上一些名门望族历经百年不衰，家风家训的传承在家族长久延续的进程中发挥着举足轻重的作用。家风家训诞生于各个独立的家庭、家族，既有明显的典型代表性，又有极强的普适性。从这个角度来看，家风家训不是针对一家一族独自适用，而是融入了整个中华优秀传统文化。

《孟子·离娄上》记载："天下之本在国，国之本在家。"家庭是社会组织机构的细胞，细胞出了问题，不仅影响一个家庭的和谐，而且还关乎社风民风，乃至民族和国家的命运。在儒家《大学》经典中，从格物致知到平治天下的"八目"，实际上反映了一个整体的文化内涵与结构。可以说，家的文化是中华传统文化不可分割的一部分。即使从事千秋事业，仍要从个人的修身齐家这个基点做起。根基不牢，小则后院失火，大则地动山摇，对社会、国家造成不可估量的损失。

自汉代后，家教受到普遍重视，相继出现了家训、家范、家仪、家规、治家格言等相关书籍，有效地起到了道德教化的作用，其中所宣扬的勤俭持家、六亲和睦、尊老爱幼、以身作则等观念，成为全社会认可的美德。因此，在宋明清时期，家训被刻板成书，广为流传，如《颜氏家训》《朱子治家格言》等，因其内涵容纳广阔，在世世代代子孙心里烙下深深的印记，在无形之中发挥出极大的价值威力。

"积善之家，必有余庆；积不善之家，必有余殃"道出了家族兴衰的道理，良好的家风不仅能经得起良知的拷问，而且有利于家族的长盛不衰，社会的稳定发展和国家的繁荣富强。

四 家国情怀之"国"

爱国主义是中华民族心、民族魂，是中华民族最重要的精神财富，爱国主义精神深深根植于中华民族心中，维系着中华大地上各个民族的团结统一，激励着一代一代中华儿女为祖国发展繁荣而自强不息、不懈奋斗。古往今来，爱国的种子早已在这片大地上生根发芽，枝繁叶茂，为每个人心之所系、情之所归。

2000 多年前，匈奴部落在北方崛起，不断野蛮入侵杀掠，对中原百姓的生命财产造成极大威胁。汉武帝时期，随着国力日渐强大，于是对匈奴发动了大规模战争，抗击外敌侵略。霍去病自 17 岁从军，直至 23 岁去世，在这 6 年的时间里，6 次出征，并且 6 战全胜，彻底击溃匈奴。在他短暂且功勋卓著的军事生涯里，一句"匈奴未灭，无以为家"道出了心底里的爱国情怀。

近代史上被誉为"东方的斯大林格勒保卫战"的常德会战也让全世界看到了中国人的爱国之心和不可欺辱的铮铮铁骨。1943 年 11 月，日军纠集了 7 个师团约 10 万人进攻常德，中国军队集中了 16 个军 21 万人迎战。由于日军的疯狂阻击，常德守军 57 师成为孤军，8000 多人陷入了血与火的残酷考验。激战 16 昼夜，57 师弹尽粮绝，全师官兵除了 100 多人突围外，其余均战死。然而，常德守军以几乎全军覆没的代价为其他兵团形成对敌人的反包围赢得了主动。日军担心被包围歼灭，被迫撤出常德全线，常德会战以中国军队的最后胜利结束。中国军队毙伤日军 1 万多人，自己损失 5 万多人，牺牲 4 位将军。

爱国居于社会主义核心价值观公民层面的首要位置，是实现家国情怀与社会主义核心价值观交融互促的核心要素。"作为社会主义核心价值观的'爱国'与传统家国情怀中的'忠君爱国'相比继承了中国人'责任先于自由，义务先于权利，社群高于个人'的价值取向。"如今，爱国更加突出了个人的担当意识和奉献精神，引导个人通过自身的拼搏奋斗，实现中华民族伟大复兴的中国梦，赋予了家国情怀时代生机。有誓将沙漠变绿洲的石光银，有披肝沥胆报国为民铸忠诚的吴孟超，有 24 年守护百姓健康的"钥匙医生"严正，有爱洒边疆肝胆相照民族情的庄仕华，有用焊枪"缝制"无缝天衣的姜涛，他们用自己的实际行动努力践行爱国主义精神，凝聚起奋发向上的时代力量。

五 青春律动与新时代家国情怀同频共振

习近平总书记在 2019 年春节团拜会上的重要讲话中谈及家国情怀："在

家尽孝、为国尽忠是中华民族的优良传统。我们要在全社会大力弘扬家国情怀，培育和践行社会主义核心价值观，弘扬爱国主义、集体主义、社会主义精神，提倡爱家爱国相统一，让每个人、每个家庭都为中华民族大家庭作出贡献。"作为新时代的中国青年，更应当释放民族精神的动人力量，时刻将爱家情感和爱国情怀紧密结合起来，脚踏实地地做永不停歇的奋斗者和意志坚定的爱国者。如今，青年们正处在中华民族发展的最好时期，既面临着难得的建功立业的人生际遇，也面临着天将降大任于斯人的时代使命。青年人应树立拼搏奋斗的理想信念，努力提升知识水平，练就过硬的实践能力，以实现中华民族伟大复兴为己任，不辜负民族重托，让青春的璀璨在家国情怀中溢彩流光，让青春的芬芳因家国情怀而饱满绽放。

思考题

结合自身实际，谈谈家国情怀对青年成长成才的重要意义。